U0127515

大/数/据/管/理/丛/书

数据隐私与数据治理

概念与技术

孟小峰 等编著

机械工业出版社

CHINA MACHINE PRESS

图书在版编目（CIP）数据

数据隐私与数据治理：概念与技术 / 孟小峰等编著 . —北京：
机械工业出版社，2023.4

（大数据管理丛书）

ISBN 978-7-111-72818-4

I. ①数… II. ①孟… III. ①数据管理 IV. ① TP274

中国国家版本馆 CIP 数据核字（2023）第 049193 号

机械工业出版社（北京市百万庄大街 22 号　邮政编码 100037）

策划编辑：姚　蕾　　　　　　责任编辑：姚　蕾
责任校对：牟丽英　李文静　　责任印制：常天培

北京铭成印刷有限公司印刷

2023 年 7 月第 1 版第 1 次印刷

170mm × 240mm · 12.25 印张 · 2 插页 · 222 千字

标准书号：ISBN 978-7-111-72818-4

定价：89.00 元

电话服务　　　　　　　　　网络服务

客服电话：010-88361066　机　工　官　网：www.cmpbook.com
　　　　　010-88379833　机　工　官　博：weibo.com/cmp1952
　　　　　010-68326294　金　书　网：www.golden-book.com

封底无防伪标均为盗版　机工教育服务网：www.cmpedu.com

2021 年可以说是数据隐私与数据治理元年。社会各界都在觉醒，并探讨其规范与解决方案，这与 2006 年我开始关注这个问题时的社会环境大不相同！

在数据隐私方面，《中华人民共和国数据安全法》《中华人民共和国个人信息保护法》相继出台，全面、多领域构筑了我国信息与数据安全的法律保障，隐私问题不再是模糊不清的法外之地。在数据治理方面，《"十四五"数字经济发展规划》《互联网信息服务算法推荐管理规定》分别关注了数据与算法中的治理问题。而继《中共中央 国务院关于构建更加完善的要素市场化配置体制机制的意见》提出将数据纳入生产要素后，中共中央网络安全和信息化委员会办公室更是在《"十四五"国家信息化规划》中进一步提出"加强数据治理"。

紧随国家的战略导向，企业也在不断尝试。在数据隐私方面，小米等手机厂商突破性地在系统中内置拦截网和隐匿面具等隐私功能，为用户隐私保驾护航。

如何将数据隐私与数据治理从法律文字落到实际应用仍不明晰，诸多问题依赖"行业自律"，而大多数企业仅聚焦于"合规"问题。社会各界都翘首以盼一套系统讲述数据隐私与数据治理概念和技术的读本！这正是本书关注的重点，以期对当下数据要素驱动下的数字经济所面临的数据挑战给出基本的应对之策。

本书由笔者的团队依据多年的研究编写而成，旨在从概念和技术的角度对数据隐私与数据治理进行系统阐述，为学术研究机构、政府部门、企业等梳理数据隐私与数据治理的知识体系提供入口，为提高全民的数据素养提供辅导材料。同时，要厘清问题，解决问题，需要从提升大家的"数据素养"着手。数据素养未来可能是科学素养的重要组成部分，而数据素养首要的任务就是让大家具备对数据与隐私的认识和处置能力。这也是促使我们编写此书的直接动力！

本书从四个方面对数据隐私与数据治理进行了深入浅出的论述。

第一篇"基础知识"，主要阐述数据隐私与治理的基础概念与方法体系。该篇基于对数据发展主线的认识，揭示数据隐私和治理产生的根源，并结合当下应用现状概述隐私的构成要素、管理框架、治理体系和治理实践。其核心要点是针对数据要素和数字经济，提出数据隐私要由被动保护变为主动防护，数据治理要由大数据全生命周期治理转变为后大数据时代的数据生态治理，更好地服务数字经济的发展。该篇内容尽可能减少晦涩的专业定理与描述，从多角度讲解数据隐私与数据治理，既可以帮助相关专业的技术人员建立完善的隐私保护与数据治理体系，也可以供普通用户阅读以增加认知。

第二篇"大数据隐私保护技术"，主要阐述面向共享与发布的隐私保护技术。该篇重点介绍当下主流的隐私保护技术，包括云平台场景下中心化的差分隐私技术，边缘计算场景下本地化的差分隐私技术，以及为提高数据可用性的隐私放大理论、差分隐私与密码学相结合的混合方法等。该篇内容较为专业翔实，具备前沿性，主要面向该方向的专业人员。

第三篇"人工智能隐私保护技术"，主要阐述面向机器学习模型的隐私保护技术。该篇重点介绍集中式机器学习和联邦学习两种场景下的隐私方法设计，包括机器学习中存在的因数据非法窃取导致的直接隐私泄露问题和因外部隐私攻击导致的间接隐私泄露问题，以及为提高模型可用性的个性化差分隐私方法。该篇内容与机器学习密切相关，具备前沿性，主要面向该方向的专业人员。

第四篇"数据生态与数据治理"，主要阐述面向数据市场和数据生态的治理技术。该篇基于数据要素的发展理念，重点介绍数据市场中数据交易与数据流通治理体系，以及数据生态中数据垄断、算法公平的治理方法。其核心要点是要建立数据透明的治理体系，实现对数据全链条、透明化的监督治理，做到治理的事前预警、事中防护、事后溯源，为数字经济的发展保驾护航。该篇内容从全新的视角介绍数据作为生产要素在市场流通中会产生的诸多问题，探讨其可能的解决方案，可供相关领域的专业人员、政务人员，以及普通用户阅读，帮助他们全面认识数据治理。

总之，本书梳理了数据隐私与数据治理的基本解决之道，并打破传统的认知体系，实现观念、技术、架构的转变，即观念上从数据生命周期观到数据生态观的转变、技术上从隐私保护到隐私防护（管理）的转变和架构上从溯源问责到数据透明的转变，才能跟上形势，从而保证数据要素在市场中发挥关键作用。希望本书为教育机构的人才培养和政府部门的管理提供有价值的参考资料，促进我国数字经济的发展。

该书构思于 2020 年年初，笔者与团队中的王雷霞、刘俊旭、范卓娅、叶青青、刘立新和李梓童一起，历经数次编撰、修改，形成了当前的版本。笔者团队尽可能将本书中所涉及的内容描述得清晰易懂，如有疑惑，可联系笔者团队进行交流。希望大家都能从本书中有所收获，能更加清晰地看到生活中无处不在的隐私问题，亦能有所行动！

孟小峰

中国人民大学

2023 年 1 月 1 日

前言

第一篇　基础知识

第三篇　人工智能隐私保护技术

第四篇　数据生态与数据治理

基础知识

　　随着5G、物联网等新基建的发展，收集用户数据的成本越来越低，大量的用户数据被用于机器学习、数据分析、数据挖掘等行为。与此同时，用户数据泄露、滥用等数据伦理问题也愈加显著。2020年3月，中共中央、国务院发布了《中共中央　国务院关于构建更加完善的要素市场化配置体制机制的意见》，提出加快培育数据要素市场。这是数据首次作为与土地、资本、劳动力和技术并列的生产要素写入文件。而要将数据作为生产要素发挥实际价值，就必须解决以数据隐私为代表的数据伦理问题，对数据进行治理。

　　本篇旨在帮助大家建立对数据隐私和数据治理的基本认识。在前两章，我们首先对"数据隐私是什么""数据隐私是如何产生的""当前数据隐私的挑战有哪些"这样的问题进行系统的梳理。针对数据隐私的概念，我们对隐私与安全的区别进行辨析，对隐私的特征、分类与管理框架进行详细的介绍。之后，第3章重点对数据治理问题进行阐述。该章从数据治理的发展开始，阐明其一般性与特殊性，提出数据生态中的数据治理体系，并从法律法规与实践的角度说明当下的数据治理形势与进度。

第 1 章

绪　论

隐私问题正在逐步走入大众视野，成为社会各界关注的热点话题。对普通用户而言，隐私是关乎其人身安全的重要问题。对企业而言，只有充分保障数据与用户隐私，才能合理高效地使用数据这一生产要素，促进企业的发展。

本章旨在对数据隐私的来龙去脉进行梳理，讲述数据隐私问题是如何产生的，如何发展至其他数据伦理问题，有什么技术能对数据隐私进行保护，以及当前数据隐私有哪些主要挑战，为本书后续具体问题的阐述奠定基础。了解这些知识后，我们就能更清晰地认识到，当前的隐私问题正随着信息技术的飞速发展、数据收集的愈加广泛而更加严峻，传统的隐私保护技术并不足以应对这样严峻的隐私现状，研究者需要跳出当前狭隘的"隐私"思维定式，从"大隐私观"的角度探索其解决方案。

1.1　数据隐私的产生

隐私作为一个概念，大约有 150 年的发展历史。该概念的发展得益于以下两个事实：一是伴随着人类文明的不断发展，人类对隐私的需求与渴望不断增加；二是随着信息技术的发展，隐私与新技术变革之间产生了新的冲突。本节从社会发展与数据发展两个角度对隐私的发展进行介绍，说明数据隐私是如何在社会与技术的相互作用下产生的。

1.1.1 社会发展视角下的隐私

根据隐私发展的概念与技术的不同特征，我们将隐私的发展概括为 3 个时期，即萌芽期、形成期和发展期，分别对应于 5 个阶段。

1. 隐私的萌芽期在纸质媒体时代，对应于媒体隐私阶段

该阶段的隐私问题主要指以私人生活为主要内容的纸质媒体信息的披露，需通过法律法规进行保护和约束。

在 19 世纪的纸质媒体时代，以报纸为代表的新型媒体是最早披露个人隐私的信息技术。1873 年，处于经济萧条时期的美国，在"黄色新闻"思潮的影响下，报纸媒体刊登了诸多具有感官刺激性的低俗、隐私的新闻。该时期，美国律师 Samuel Warren 及其夫人举办的家宴和其女儿的私人婚礼照片被报纸公开。为强烈谴责该行为，实现保护个人隐私的诉求，美国律师 Samuel Warren 和 Louis Brandeis 于 1890 年在《哈佛法学评论》上发表了《隐私权》[1]，至此，"隐私权"的概念被明确提出。虽然当时该文章未得到广泛关注，但其后的几十年间，隐私相关法案日益增多，如美国 1974 年制定了《联邦隐私权法》，欧盟 1950 年出台了《欧洲保障人权和基本自由公约》。

2. 隐私的形成期在计算机时代，对应于计算机隐私阶段

在该阶段，隐私数据以企业计算机内存储的、数据量有限的、结构规范化的数据为主，隐私问题主要来源于对企业数据库中数据的攻击与窃取，并以密码学技术为主要保护途径。

在 20 世纪 60 年代，即计算机时代，信息技术的革新使得大型计算机开始挑战人们对隐私的传统认知。该阶段，随着计算机的出现，以及文件管理系统、数据库系统等技术的发展，大量的企业数据被存储和使用。该时期，美国联邦政府投入了大量资金对相关技术进行研究，消费者信用局（Consumer Credit Bureaus）建立了包含上百万个人财务信息的数据库。大量与个人相关的、以企业为主体的数据的汇集，令人们开始担忧这些计算机数据是否会被入侵或遭到泄露，从而威胁个人隐私。为抵御该威胁，现代密码学技术发展起来，人们制定了数据加密标准（Data Encryption Standard，DES）[2]、高级加密标准（Advanced Encryption Standard，AES）[3] 等密码学标准，形成了公钥密码学[4]，并基于此发展出了加密数据库等技术。

3. 隐私的发展期在信息技术快速发展的时代，包含三个阶段

根据信息技术发展的特征，我们将发展期划分为互联网隐私、大数据隐私和人工智能隐私三个阶段，分别对应于互联网时代、大数据时代和人工智能时代这三个技术发展时代。

（1）互联网隐私阶段

在该阶段，个人数据而非企业数据，成为数据发布中隐私保护的主要对象，主要通过 k-匿名的技术进行保护。

在 20 世纪 90 年代，即互联网时代，全球互联网逐步形成。自 2000 年起，随着互联网用户的增加，互联网在现代日常与经济生活中发挥着日益重要的作用。在该背景下，用户个人数据数量激增，基于这些个人数据，数据挖掘等算法飞速发展，以发挥数据价值。数据的共享与开放成为科技进步的基础条件，此时，对用户个人隐私信息进行保护十分关键。

早期，人们仅通过对数据主体进行匿名以保护发布数据中的个人隐私，但这样仅删除用户的唯一标识是不够的。1997 年，哈佛大学教授 Latanya Sweeney 从马萨诸塞州保险委员会公布的、已删除用户标识符的患者数据中，通过将这些患者数据与该州的选民数据进行链接的方法，成功确认州长的身份，找到了其健康记录，并研究发现 87% 的美国人拥有唯一的性别、出生日期和邮编三元组信息，可被唯一识别。该研究结果对以隐私为中心的政策制定产生了重大影响。1998 年，Sweeney 教授正式提出了 k-匿名技术来保护发布数据中的隐私。k-匿名技术[5]基于数据中的敏感字段，将个人记录隐藏在一组相似的记录中来匿名数据，从而大大降低个体被识别的可能性。在其后的近 10 年间，该隐私保护技术飞速发展。

（2）大数据隐私阶段

在该阶段，数据以海量的个人数据为主，隐私问题主要体现在大规模数据收集中的隐私泄露问题，主要通过差分隐私的技术进行隐私保护。

21 世纪 10 年代，大数据技术飞速发展，云计算等框架获得了广泛应用，我们进入了大数据时代。该阶段个人数据的收集愈发频繁与广泛，随之产生的海量数据对计算机数据处理的能力提出了新的要求。k-匿名技术对数据扰动的方式，会严重影响数据的可用性；同时，该技术几经演化，但仍被证明不能应对背景知识攻击。2006 年，Netflix 举办了一场预测算法比赛，并公开了匿名后的用户电影评分的数据集，Netflix 把数据中唯一识别用户的信息抹去，但是来自得州大学奥斯汀分校的两位研究人员通过关联 Netflix 公开的数据和互联网电影数据库（Internet Movie Database，IMDb）网站上公开的记录成功识别出匿名后用户的身份。

同年，微软研究院的 Cynthia Dwork 提出了差分隐私的概念[6]，对隐私泄露风险进行了严谨的数学证明和定量化表示。该技术可以抵御任意的背景知识攻击，它通过对原始数据进行扰动保护数据隐私，同时通过保证最终的数据分布几乎无改变来保证数据可用性。而后，2014 年谷歌的 Úlfar Erlingsson 提出了本地化差分隐私框架与方案[7]，将数据扰动的操作移至用户端，从而避免传统差分隐私算法对可信第三方的依赖。该项技术在谷歌、苹果、微软等公司获得了广泛的应用，并引起了学术界和工业界的广泛关注。

（3）人工智能隐私阶段

在该阶段，数据以维度更加丰富、粒度更加细腻、体量更加庞大的个人与社会数据为主，数据隐私问题、算法公平问题、数据透明问题是当下广义隐私上的主要问题，混合的隐私保护技术应是主要研究手段。

当前，随着5G与物联网等新基建的发展，人工智能、万物互联成为社会发展的主要趋势。在该阶段，数据将不再局限于之前的个人数据，通过个人移动设备、个人穿戴设备、城市传感器等，海量、异构、多维度的个人与社会数据源源不断地产生，对数据隐私保护提出了新的挑战。此时，数据的隐私也不局限于个人隐私信息的泄露问题，由数据驱动的机器学习算法的公平问题，数据收集、使用、共享、流通过程中的透明化问题，在该阶段都更加显著[8]。

不得不注意的是，当下密码学技术、k-匿名技术、差分隐私技术已逐步发展成熟，每种技术的优缺点都十分清晰。密码学技术需在数据隐私性与计算通信效率之间进行取舍，k-匿名技术和差分隐私技术则需在数据隐私性和可用性之间进行平衡。因此，如何根据实际问题，将多种隐私保护进行混合，如将密码学技术和差分隐私技术进行混合，扬长避短，以实现既定的隐私保护目标应为当前的主要手段。

基于上述内容，我们对各阶段的隐私的发展进行总结，如表 1.1 所示。通过对比，我们可发现，隐私发展的进程随着技术的进步在不断加速。近 5 年来，公众和政府对隐私的关注度不断上升，对隐私问题的研究进入前所未有的黄金时代。通过分析知网上主题为"隐私"的论文数随年份的变化（如图 1.1 所示），我们印证了该结论。

表 1.1　隐私发展的阶段及特征

时　期	阶　段	时　代	数据特征	隐私问题	保护途径
萌芽期	媒体隐私	纸质媒体时代(1890's—1960's)	纸质信息	媒体信息披露	法律法规
形成期	计算机隐私	计算机时代(1960's—1990's)	企业数据	隐私数据攻击与窃取	密码学技术
发展期	互联网隐私	互联网时代(1990's—2010's)	个人数据	数据发布隐私	k-匿名技术
	大数据隐私	大数据时代(2010's—2020's)	海量个人数据	数据收集隐私	差分隐私技术
	人工智能隐私	人工智能时代(2020's—)	个人与社会数据	隐私、公平、透明问题	混合隐私保护技术

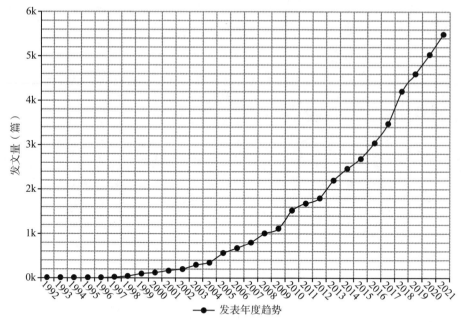

图 1.1 知网上主题为"隐私"的论文数随年份的变化（截至 2021 年 12 月 13 日）

1.1.2 数据发展视角下的隐私

从社会发展视角下的隐私我们可以发现，隐私的产生本质上随着数据的产生方式及特征的不断转变而演化。由此，本节将从数据的角度重新审视隐私的发展过程。我们可以发现，隐私问题在数据发展的初期并不显著，它随着数据体量与维度的增加而逐渐凸显。我们根据数据的产生方式与特征的不同将该发展过程划分为 4 个阶段。

1. 计算机发展初期

在 20 世纪 40~60 年代，数据通过自然观察、科学实验、统计调研等方式人为生成，多为数值型数据，借助计算机完成复杂的科学运算，促进自然发现、社会统计等学科的发展。同时，伴随着计算机存储设备的发展，出现了文件系统、批处理等技术，从而对数据进行管理。此时的数据面临的主要问题更多集中于数据的正确性、共享性等应用问题，并不注重隐私问题。

2. 传统数据库时代

在 20 世纪 60~90 年代，数据在企业等运营式系统的运营过程中由数据源被动产生，数据采集成本较高，故多以企业数据为主。此时数据结构规范有序，数据量相对有限，人们对数据的认识停留在"管理数据"的阶段，发展出数据库、数据仓库、数据集成等技术。该阶段，数据面临的主要问题是安全问题，仍与隐私问题有着本质的区别。数据安全是为了保护企业数据不被攻击者非法入侵、获取，确保结果的正确性和完整性。

3. 大数据时代

20 世纪 90 年代至今，数据采集愈发廉价，数据在个人移动设备、穿戴式设备、传感设备上源源不断地主动产生，数据结构复杂异构，数据加速增长。此时的数据主要以个人数据为主，具有海量的数据集特性，人们开始"理解数据"，并由此发展出基于数据驱动的人工智能、数据挖掘等技术。与此前借助符号进行逻辑推理不同，该阶段技术发展的本质是海量数据驱动的结果，产生了与此前截然不同的伦理问题。一方面，数据作为驱动算法的"燃料"，数据垄断与隐私问题层出不穷；另一方面，非规则的算法决策与黑盒模型使决策可解释、公平问题备受关注。在这些问题中，隐私问题尤为凸显。也是在该阶段，隐私问题逐步成为大众关注的重要议题。

4. 5G 与万物互联时代

在我们即将步入的工业 4.0 时代，数据量将会爆炸式增长，数据描述社会的粒度将会更加细腻，相应地，数据应用的过程中隐私、公平等伦理问题将更加严峻。此时，需要我们从"敬畏数据"的角度探索数据价值与数据伦理的双重实现。我们不能一味地追求数据价值的最大化，也不能为了隐私拒绝数据的应用。我们应考虑隐私问题的独特性，考虑隐私问题与垄断、公平等其他伦理问题的相互影响，从数据生态的角度思考该问题的解决之道。

1.2　数据隐私技术

自 20 世纪 60 年代至今，伴随数据隐私问题的发展，诸多隐私保护技术被提出。本质上，隐私保护技术是用数据的效用或效率来换取隐私。例如，基于扰动的差分隐私技术使用数据可用性换取隐私保证，加密技术则使用数据计算的计算代价或通信代价来换取隐私保证。因此，如何平衡隐私、效率与效用，是隐私技术研究中亘古不变的主题。

从方法上，我们可以将隐私保护的技术分为模糊技术、扰动技术、加密技术、混合隐私技术、分布式计算框架和区块链技术。接下来，我们将对其进行一一的介绍，分析其特征，并进行对比。

1.2.1　模糊技术

模糊技术指针对数据的属性进行模糊，即通过压缩、聚类、划分、泛化等操作切断数据标识属性（可表示一条数据的属性或属性组）与隐私属性间的一对一关系，以隐藏单条数据或单个数据点的隐私信息，适用于数据发布的场景。该项技术由于会对信息造成损失，因此如何在保证数据隐私保护的前提下，尽量减少信息损失和信息扭曲度是该技术的核心问题。

该技术中最典型的是 k-匿名技术[5]，k-匿名技术由 Latanya Sweeney 和 Pierangela Samarati 于 1998 年提出，可保证发布的个人数据与其他至少 $k-1$ 条数据不能区分。在具体实现时，可基于发布数据的准标识符划分等价组，使每个等价组至少包含 k 条数据。对准标识符进行 k-匿名时，可通过删除部分信息、用区间范围代替具体信息等方法，使至少 k 条数据的准标识符相等。但该技术易遭受同质攻击（homogeneity attack）[9]，即当根据准标识符确定的等价类保护相同敏感信息时，攻击者若能通过其背景知识确定某用户对应的等价类，即可获取其敏感信息。

为改进该问题，抵御同质攻击，Machanavajjhala Ashwin 提出了 l-多样性[9]，它的基本思想是在 k-匿名的基础上要求一个等价组中至少保护一种内容不同的敏感属性，即保证等价组中敏感属性的多样性。但 l-多样性相比 k-匿名而言更难实现，同时也易遭受偏斜攻击（skewness attack）。如为保证 l-多样性，使某等价组中人群是否患有癌症的概率相同，但事实上癌症患者的比例远低于此。在没有考虑敏感属性总体分布的情况下，保证 l-多样性可能使个人隐私泄露的风险增大。为弥补 l-多样性的局限性，防御偏斜攻击，t-closeness[10] 被提出，它保证在同一个等价组中，敏感属性的分布与该属性的全局分布一致，其差别不超过阈值 t。同时，针对动态的数据插入、修改、删除操作，m-不变性（m-invariance）[11] 被提出，其主要思想是保证同时出现在先后两个发布版本中的记录所在的等价组具有完全相同的隐私属性集合。

然而，上述技术均不能避免攻击者针对敏感属性的背景知识攻击。另外，基于模糊的方式，其信息损失相对其他技术较大，近年来，其应用已逐渐减少。

1.2.2 扰动技术

扰动技术对数据本身进行扰动，主要指差分隐私技术，同时适用于数据发布和大数据收集的场景。该技术通过在数据上直接添加随机噪声，或者将原本的值以一定概率扰动为随机值来实现。通过扰动的方式保护数据隐私，同样会造成数据可用性的降低，即影响计算结果的准确性，因此如何在保护数据隐私的前提下，尽可能提高扰动所影响的数据可用性是该技术的核心问题。

差分隐私（Differential Privacy, DP）于 2006 年由微软研究院的 Cynthia Dwork 提出[6]，可以保证任意一条数据的改变都不会影响最终的输出结果的分布，从而隐藏输出结果中的个人隐私信息。也就是说，对于给定的任意两个仅相差一条记

录的相邻数据集 D 和 D'，满足差分隐私的随机化算法 M 需保证，扰动后的输出满足 $\Pr(M(D) \in S) \leqslant e^{\varepsilon}\Pr(M(D') \in S) + \delta$，其中 S 表示任意输出的子集。生成一个满足差分隐私的算法，通常有两种数据扰动的方式：一种是直接在计算结果上添加噪声，常用的包括拉普拉斯机制、指数机制等（具体介绍见第 4 章）；另一种是以一定的概率对数据进行扰动，即随机响应机制（具体介绍见第 5 章）。

依据不同的安全假设，差分隐私技术可分为中心化差分隐私和本地化差分隐私。中心化差分隐私，即传统的差分隐私概念，假设存在一个可信的服务器拥有用于发布的所有用户数据，该服务器在由原始数据计算得到的结果上直接添加满足差分隐私的噪声，最后发布该扰动后的结果。但现实中，可信的服务器难以部署，它可以看到所有原始数据，一旦被攻击，用户的数据隐私将受到极大的威胁。由此，本地化差分隐私[7] 被提出，该模型不依赖任何可信的第三方，用户在其本地直接对数据进行一定概率的扰动，使其满足差分隐私。虽然该技术在可信假设上有所提高，但相比中心化差分隐私算法仅在结果上添加一次噪声，本地化差分隐私在每个用户端都进行数据的扰动，其数据可用性约为中心化差分隐私数据可用性的 $1/O(\sqrt{n})$ 倍，其中 n 表示参与的用户数量。

以差分隐私为主的扰动技术相比以匿名为主的数据模糊技术，可抵御任意的背景知识攻击。也就是说，即使攻击者拥有除被攻击对象外其他所有用户的个人信息作为背景知识，也不能推测出个体的隐私信息。目前该技术在工业界的应用最为广泛，尤其是本地化差分隐私技术。该技术更适用于当下数据监控和数据收集场景，如谷歌使用该技术收集用户浏览器的主页设置等信息，苹果使用该技术收集用户常用的 emoji 表情和新单词。

1.2.3 加密技术

加密技术不同于模糊和扰动的技术，该技术不会损害数据的可用性，但随之而来的是，基于密码学的技术需付出额外的计算代价和通信代价。其主要原因是，经数据加密后的密文通常较大，对密文进行计算会造成产生较大的计算代价和通信代价。因此，如何在保护数据隐私的前提下尽可能降低加密技术与密文计算的技术代价和通信代价是该技术的核心问题。

当下常用的密码学技术主要包括同态加密技术和秘密共享技术。同态加密（Homomorphic Encryption，HE）的概念最早于 1978 年被 Ron Rivest[4] 等人提出，允许用户对密文进行特定的代数计算，结果仍是加密数据，且该结果与对明文做相应计算后再加密的结果相同。抽象地，用 $E(\cdot)$ 表示加密，$\oplus$ 表示特定的代数操作，同态加密具有以下两个性质：

- 加法同态性质：$E(a) \oplus E(b) = E(a+b)$

● 乘法同态性质：$E(a) \oplus E(b) = E(a * b)$

仅满足加法同态或乘法同态的算法称为半同态加密（semi-homomorphic encryption）或部分同态加密（somewhat-homomorphic encryption），典型的有满足乘法同态的 RSA（Rivest，Shamir，Adleman）算法和 ElGamal 算法[12]，满足加法同态的 Paillier 加密[13] 和 DGK（Damgård，Geisler，Krøigaard）加密[14]。以上两种性质都满足的同态加密算法称为全同态加密（full homomorphic encryption）。实际应用时，大多隐私保护方案基于半同态加密方法设计，全同态加密过长的加密解密时间、过大的计算代价不符合实际应用的需求。

秘密共享技术也支持密文的加法计算，但更适用于分布式计算的场景。该技术假设有 n 个参与者，数据拥有者拥有数据 a，他将数据均匀地分成 n 个分片 a_i，并将这 n 个分片随机分给 n 个参与者。在该过程中没有一个参与方知道原始的值 a 是什么，只有当这 n 个参与者合作才能通过 a_i 计算得到 a 的值。除此之外，常用的还有基于多项式方程组构建的 (t,n)-门限秘密共享，仅需其中 n 个分片中的 t 个就可恢复原数据的值。

同态加密技术有较大的计算代价，而秘密共享技术有较大的通信代价。除此之外，加密技术还包括一些基础的对称加密算法，如 DES 算法、AES 算法，以及基础的散列算法，如信息摘要算法第五版（Message-Digest Algorithm 5，MD5）、安全散列算法 256 位（Secure Hash Algorithm 256，SHA-256）等。在面对诸多实际问题时，如隐私保护的查询问题、机器学习等，通常需将多种加密算法结合起来使用。

1.2.4 混合隐私技术

模糊和扰动的技术会降低数据的可用性，加密技术会降低数据的计算和通信效率，那么能否将二者结合，各取其优点呢？出于该目的，混合隐私技术得以发展。混合隐私技术主要指将扰动技术与加密技术进行混合，根据其组合方式与目的的差异，可分为 Cryptography for Differential Privacy 和 Differential Privacy for Cryptography 两种[15]。

Cryptography for Differential Privacy 即 C4DP，是用密码学改进差分隐私的方法，该类方法以提升差分隐私方法的隐私性与可用性为目标，探索差分隐私方法隐私性与可用性的最优平衡。该类方法又可进一步分为基于密文计算改进和基于安全混洗改进两个部分。前者将中心化差分隐私方法中的可信第三方替换为不可信第三方，并将该第三方的所有操作替换为密文操作，从而在保证较小计算误差的差分隐私基础上，提高系统隐私性。后者在本地化差分隐私方法的基础上引入安全混洗的操作，使用户本地扰动后的数据实现完全的匿名，从而通过分析匿名与差分隐私联合带来的隐私放大效果，提高最终计算结果的准确性。

Differential Privacy for Cryptography 即 DP4C，是用差分隐私改进密码学的方法，该类方法将差分隐私扰动的思想引入密码学协议中，以改善其计算代价与通信代价。在复杂密码学协议执行的过程中，攻击者们可以通过计算过程中一些中间结果的大小、通信的次数等信息，来对计算的数据或结果进行推断，进行推理攻击。我们可以基于差分隐私的思想，对密码学协议中中间结果的大小、通信的次数进行适度的扰动，一方面避免过多假的密文数据或通信消息的引入，另一方面防止推理攻击。

基于混合隐私技术，我们可以尽可能实现数据隐私、效率与效用之间的平衡。当前基于混洗改进差分隐私的技术，即编码-混洗-分析（Encode-Shuffle-Analyze，ESA）框架[16]，可基于本地化差分隐私框架直接部署，被谷歌和苹果等企业广泛关注。

1.2.5 分布式计算框架

上述隐私保护技术直接对数据进行保护，防止隐私泄露。除此之外，还有另一种思路可以防止隐私泄露，即分布式计算框架，包括安全多方计算和联邦学习。这两种技术不直接对数据进行保护，旨在不直接发送真实数据的分布式情况下完成较高准确度的数据计算。

安全多方计算（Secure Multi-Party Computation，SMPC）[17]，通过多次多方之间的密文通信，支持多方安全地计算任意函数。该技术最初于 1982 年由姚期智教授提出，用于解决百万富翁问题，即两个富翁 Alice 和 Bob 如何在不暴露各自财富的前提下比较出谁更富有。根据参与方的数量不同，安全多方计算分为安全两方计算和参与方多于两人的安全多方计算。通用的安全多方计算包括 BMR(Beaver，Micali，Rogaway)、GMW（Goldreich，Micali，Wigderson）、BGW（Ben-Or，Goldwassert，Wigdemon）、SPDZ（Smart，Pastro，Damgård，Zakarias）等多种协议[18]，涉及混淆电路、秘密共享、同态加密、不经意传输等多种密码学技术。

联邦学习的思想是保证数据不出本地，参与的多方之间仅分享模型参数，从而联合完成模式的训练。此工作的典型代表为 2017 年谷歌提出的联邦学习（federated learning）框架[19]。联邦学习框架具备数据隐私保护的特质，其训练数据无须集中存放，不会产生由大规模数据收集带来的直接隐私泄露问题。但研究表明，尽管联邦学习使用户拥有了个人数据的控制权，却依然无法完全防御潜在的间接隐私攻击。直观上，我们可以理解为，用户端训练的模型参数是对用户数据在某些维度上的提炼，因此仍包含用户的隐私信息。具体实现时，该技术仍需与差分隐私或安全聚集技术结合，以保证用户隐私。

分布式计算框架在保护隐私时，往往存在通信开销昂贵的问题，因此如何在保护隐私的同时控制通信开销是该技术的关键问题。特别地，对联邦学习而言，保护模型参数的隐私信息对用户隐私也十分重要。

1.2.6 区块链技术

区块链技术旨在通过溯源问责方式保护隐私。面对当前的大规模数据收集的现状，传统的隐私保护技术不可能做到面面俱到，在隐私保护技术无效的情况下，可以采用溯源问责的形式去保护隐私。区块链具有透明、去中心和不可篡改的特性，这些特性与溯源问责的需求天然匹配[20]。

区块链起源于比特币。在 2008 年，化名为中本聪的学者发表"比特币：一种点对点的电子现金系统"一文，并提出比特币的概念。这种数据货币支持互不可信的双方在无可信第三方介入的情况下进行货币交易。区块链作为比特币的核心技术，是将数据区块按照顺序链接得到的链式数据结构，它通过密码学方式保证记录的不可伪造和不可篡改。

目前，区块链的不可能三角问题是影响其应用的主要问题之一。区块链系统的不可能三角是指去中心化、可扩展性和安全性三个需求不可能同时做到最优。

- 去中心化是区块链系统的最基本原则。比特币在设计上完全实现去中心化，它采用工作证明（Proof of Work，PoW）共识算法。但是，在完全去中心化的系统中，可扩展性会相对较差。与此同时，在某种程度上，这些系统的安全性也受到很大挑战。例如，比特币和以太坊的密钥被盗、智能合约漏洞、隐私泄露等问题也比较突出。

- 可扩展性是区块链技术在各个领域应用的关键性能要求。已有很多研究提出了兼顾去中心化和可扩展性的方法，包括侧链、跨链、权益证明（Proof of Stake，PoS）、委托权益证明（Delegate Proof of Stake，DPoS）、分片、闪电网络等。

- 安全性是每一个区块链系统都要面对的问题，也是区块链技术应用的重要保障。通常，安全性涉及网络安全、数据安全、计算节点安全、智能合约安全、钱包安全，以及隐私保护等多个方面。

总体而言，对去中心化、可扩展性和安全性三者最大限度地均衡，就是通用型区块链系统的技术创新的主要方向。

1.2.7 技术的比较

在本节所阐述的隐私技术中，模糊技术、扰动技术、加密技术、混合隐私技术和分布式计算框架主要用于解决隐私保护问题，区块链技术主要用于解决隐私问责问题。由此，我们从数据隐私性与效用、隐私性与效率两个方面对这几种隐私防护技术进行比较，如图 1.2 和图 1.3 所示。分布式计算框架由于其实现依赖于其他几种基础技术的组合，因此不列入该比较。

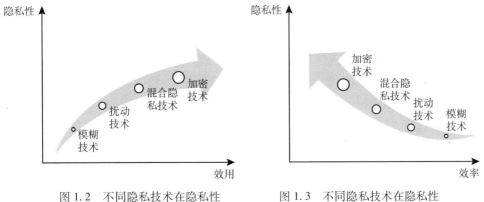

图 1.2 不同隐私技术在隐私性
与效用上的对比

图 1.3 不同隐私技术在隐私性
与效率上的对比

通过比较可发现，加密技术和模糊技术分别代表了"高隐私、高效用、低效率"和"低隐私、低效用、高效率"两个极端。而扰动技术和混合隐私技术在这两个方面相对较为平衡。混合隐私技术通过融合加密技术和扰动技术，实现了隐私、效用和效率之间的最优平衡。由此，本书主要基于扰动的差分隐私技术和混合差分隐私技术，对不同的隐私挑战问题及其解决方案进行探讨。

1.3 数据隐私面临的挑战

基于上述对隐私的发展及对现有隐私技术的认识，下面对当前社会所面临的隐私挑战进行概括。依据面向对象的不同，我们将当下的隐私保护问题归类为大数据的隐私保护问题、人工智能的隐私保护问题和数据要素的数据治理问题 3 类。本书后续主体内容也将围绕这 3 个主题分篇展开。

1.3.1 大数据隐私挑战

随着各类物联网设施的普及，各领域数字化进程加速，移动互联网服务提供商基于其提供的各类服务，主动或被动地收集了大量用户数据。海量的用户数据，加之大数据分析和挖掘技术，使服务提供商掌握了用户方方面面的个人信息并可将其应用于各类商业活动，如精准广告投放和业务营销。同时，大规模数据的收集、存储和分析等环节都存在数据安全和隐私隐患。尽管数据收集和分析是为了面向用户提供更优质的服务，但在其过程中产生的用户隐私问题严重影响了个人的生活和工作，如垃圾邮件、精准广告和推销电话等。

基于上述背景，我们对大数据时代的隐私问题进行总结，将其归类为以下三个科学问题。

1. 大规模数据收集问题

随着网络覆盖程度日益提升，摄像头、智能家居、移动设备等智能设备大面积普及，大规模数据通过被动、主动和自动方式被收集。这些数据往往包含大量的用户隐私信息，如医疗就医情况、购物情况、网站搜索历史、个人移动通信记录、出行和位置轨迹等。然而，作为数据生产者，用户不知道哪些数据被收集、被谁收集、数据被收集后会流向何处，以及被收集的数据作何使用，用户失去了对自身数据的掌握权，个人隐私泄露防不胜防。

2. 大规模数据监视问题

大规模数据收集导致大规模数据监视，例如购物、社交和出行等数据被各大公司掌握。同时，各个数据服务公司会利用这些数据进行用户画像，以便进行精准的数据分析与营销。在典型用户画像的标签体系中，标签数量一般能达到一百多个，而像阿里巴巴、京东等拥有海量用户数据的互联网巨头，其画像标签甚至达到了上千个。这些标签不仅能以较高的准确率刻画出一个用户的基本人口信息，更包括生理、心理、文化、身份等信息，几乎是对一个自然人各种社会属性的全覆盖。虽然该技术在很大程度上改变了传统的工作模式，大大提高了工作效率，尤其是个性化推荐的精准度，但也对个人隐私安全构成了极大威胁。

3. 大规模数据操纵问题

由于数据收集、处理、流通及使用过程的不透明性，用户失去对其自身数据的掌握权，大规模数据操纵的问题随即产生。数据服务提供商可根据数据分析结果，如用户画像等，从事最大化商业利润的行为。虽然目前已有法律法规严令禁止此类数据操作与滥用的行为，但由于监管措施不完善、数据处理流程不透明，我们仍深受数据操纵的影响，对于数据操纵下出现的隐私泄露、数据滥用等问题也难以溯源问责。

面对这样的问题，传统的以攻防策略为核心思想的被动式隐私保护技术已不再适用，针对全流程的主动式隐私保护技术势在必行。我们应当能够将数据隐私保护融入整个大数据隐私处理流程中去，全方位抵御上述隐私问题。差分隐私不依赖于任何背景知识的假设，可在攻击者拥有最大背景知识的情况下保护用户隐私，为解决上述问题创造了条件。为此，针对大数据的隐私保护问题，第二篇对差分隐私、本地化差分隐私及差分隐私与密码学混合的技术进行了介绍，阐述其基础知识，介绍其前沿技术。

1.3.2　人工智能隐私挑战

大数据时代的到来带动了机器学习技术突飞猛进的发展，使刷脸支付、辅助诊断、智能机器人等人工智能应用逐步走入大众视野并深刻改变着人类的生产与生活方式，实现了经济效益和社会效益的共赢。但这也令个人隐私保护面临更大的风险与挑战，主要表现在三个方面：首先，由不可靠的数据收集者导致的数据泄露事件频发，不仅对企业造成重大经济和信誉损失，也对国家安全和社会稳定构成极大威胁；其次，大量研究表明，攻击者通过分析机器学习模型的输出结果，能够逆向推理出训练模型或训练数据个体的敏感信息；最后，数据隐私与数据共享的相悖导致互联网领域下"数据孤岛"问题的产生，形成壁垒森严、界限明晰的数据阵营，长此以往，数据垄断局面愈盛，将不利于国家经济体制深化改革。

针对人工智能中的隐私保护问题，我们从以下两个方面进行讨论，即以集中式架构为基础的传统机器学习和以分布式架构为基础的联邦学习。

1. 传统机器学习的隐私保护问题

要实现隐私保护的人工智能，除借助法律法规的约束外，更要求服务提供商必须以隐私保护为首要前提进行机器学习模型的设计、训练与部署，保证数据中的个人敏感信息不会被未授权攻击者直接或间接获取。在传统的机器学习训练框架下，用户数据首先被数据收集者集中收集并存储在单机、集群或云端，此模式无论对模型训练还是环境部署而言都方便可控，因此被广泛应用于实际场景中。不过，大规模数据的集中收集存在严重的泄露隐患。对用户而言，一旦数据被收集后，他们便很难再拥有对数据的控制权，其数据将被用于何处、如何使用，他们也不得而知。对数据收集者而言，一方面他们可能主动或被动地泄露用户数据，造成直接隐私泄露；另一方面恶意攻击者也可能利用逆向推理手段推测出模型或训练数据中的敏感信息，从而造成间接隐私泄露。

2. 联邦学习的隐私保护问题

近年来，联邦学习为解决在不共享数据的前提下进行机器学习的问题提供了新思路。联邦学习下数据不需要集中存放，仅需在数据分散存储的节点上训练模型，服务器无法获取原始数据，个人数据隐私得到有效的保护。在数据隐私与安全问题备受关注的今天，联邦学习在避免直接隐私泄露、避免中心点数据受到攻击等方面具备显著优势。此外，传统的机器学习模型不能直接处理异构数据，利用联邦学习技术，无须处理异构数据即可建立全局数据上的机器学习模型，既保护了数据隐私，又解决了数据异构问题。联邦学习可应用在涉及个人敏感数据的机器学习任务中，如个人医疗数据、可穿戴设备数据、面部特征数据、个人资产数据等。然而，联邦学习架构提供的隐私保护机制不足，在模型训练阶段和模型预测阶段都可能导致数据隐私泄露。

不过，目前关于机器学习的隐私攻击大多仅适用于特定条件，如仅在图像识别任务中成功、不适用于复杂模型等。但随着研究的逐步深入，这些攻击将逐步威胁到更通用、更复杂的模型。要解决人工智能的隐私问题，一方面需借助法律法规的约束，另一方面必须从技术上将隐私保护融入机器学习模型的设计与训练过程中，从根源上防止个人隐私被未授权人员直接或间接获取，并以隐私保护为首要前提进行一切相关研究或应用。

在该背景下，无论对集中学习还是联邦学习而言，其隐私保护算法设计均可分为两条主线：以安全多方计算、同态加密为代表的加密方法和以差分隐私为代表的扰动方法。本书将在第三篇对该内容进行详细的介绍。同时，我们在第三篇还兼顾了人工智能算法的公平问题，探讨了人工智能算法的各个环节中公平问题的发生原因与解决方法。

1.3.3 数据治理挑战

随着信息经济的发展，以大数据为代表的信息资源逐渐向生产要素的形态演进，数据逐步与其他要素一起融入经济价值创造过程，对生产力发展产生深远影响。2020年4月6日，中共中央、国务院发布《中共中央 国务院关于构建更加完善的要素市场化配置体制机制的意见》，将数据作为与土地、劳动力、资本、技术并列的生产要素，并提出加快培育数据要素市场。

然而，将数据作为生产要素，必须考虑其在大数据生态中的数据治理问题。在5G、物联网这样的新基建背景下，数据治理问题不局限于传统的隐私问题，数据垄断、决策公平、数据透明等问题也对数据作为生产要素发挥作用提出了新的挑战。同时，这几个问题在数据生态背景下相互作用、相互影响。例如，数据垄断与数据隐私的解决存在相互促进的关系，数据垄断的破除将有效阻止大量数据的汇集，从而降低挖掘、泄露数据隐私的风险；基于扰动技术的数据隐私保护会限制数据价值，从而限制垄断数据的价值，遏制数据垄断的增长。同时，我们也必须认识到，过度严格的数据隐私不利于数据垄断和决策不公平现象的发现，如何兼顾上述问题，实现数据治理十分关键。由此，我们对该问题从数据要素市场、数据垄断、数据公平和数据透明四个方面展开介绍。

1. 数据要素市场

大数据时代下，数据已成为一个国家重要的基础性战略资源，并对生产、流通、分配、消费活动，以及经济运行机制、社会生活方式和国家治理能力产生重要影响，为国家提升竞争力带来了新机遇。随着数据在经济发展中起到越来越关键的作用，目前已将其列为一种与劳动力、资本、土地等传统生产要素具有同等地位的新型生产要素，这意味着数据已成为维持企业生产经营活动所必须具备的基本因素。数据要素主要包括互联网应用、物联网设备、企业和政府部门收集的数据等。随着计算机处理能力和人工智能算法的日益强大，数据量越大，所能挖掘到的知识就越丰富，数据要素的价值就越大。实施数据资源的开放共享，不断完善数据交易和数据流通等标准和措施，是深化数据要素市场化配置改革，促进数据要素自主有序流动的关键任务。

2. 数据垄断问题

随着数据的累积，数据作为驱动人工智能等技术发展的重要资源，逐渐成为各科技公司争夺的主要对象，不同科技企业在数据资源的储备量上的差异也愈加明显，数据垄断逐渐形成，并催生了"堰塞湖"，各企业间的数据难以互通。孟小峰教授领导其团队完成的《中国隐私风险指数分析报告》基于约 3000 万用户的 App 使用数据，对用户权限数据的收集情况进行了揭示。其量化结果表明，10% 的收集者获取了 99% 的权限数据，形成了远超传统"二八定律"的数据垄断。而 2018—2020 年的研究表明，该严峻形势并没有得到缓解，并且愈演愈烈。

3. 数据公平问题

数据驱动的算法在人们的生产生活中广泛应用，甚至参与了诸多权益攸关的决策。在该过程中，"大数据杀熟"等数据公平问题逐渐浮现并受到人们的关注。2021 年 8 月公布的《中华人民共和国个人信息保护法》以立法的形式对数据公平问题加以规制，要求个人信息处理者利用个人信息进行自动化决策，应当保证决策的透明度和结果公平、公正。但如何对公平进行定义和度量、如何定位不公平的来源，以及如何在算法准确性与公平之间进行权衡目前仍未有定论，是该方向有待探索的重要问题。

4. 数据透明问题

隐私、公平、垄断等伦理问题产生的根本原因是大数据价值实现过程中的不透明性。当前数据的获取、流通、共享、使用和决策过程都存在不透明性，用户作为数据的生产者，对哪些数据被收集、被谁收集，以及被收集的数据流向何处、作何使用一无所知。人工智能服务的黑盒状态进一步加剧了数据的隐私泄露、垄断和决策结果的不公平。与此同时，与传统的决策相比，由于传统决策依赖"数据—信息—知识"的获取，而人工智能由大数据直接驱动，数据错误与算法不透明都会使最终的决策结果不可信。数据透明问题已然成为包含隐私在内的诸多伦理问题中的关键一环。

上述问题既是独立的数据伦理问题，也是将隐私问题置于数据生态中进行思考的关键问题。其中，数据透明将会成为射入人工智能黑箱的一道阳光，通过数据透明，我们可以实现对诸多数据伦理问题的可查、可感、可监控、可问责，从而从根本上应对上述问题。我们将在第四篇对这 4 个问题及其解决方案进行详细的探讨。

1.4 小结

至此，本章对隐私的发展、隐私的技术和隐私的挑战进行了总结与梳理，希望能帮助读者厘清隐私的来龙去脉，并对它有更清晰与宏观的认识。后续章节将沿着当下的隐私挑战展开，每个挑战问题对应一篇，对该问题下的主要研究内容与技术进行介绍，并对前沿的知识内容进行扩展。本书的组织结构图如图 1.4 所示。

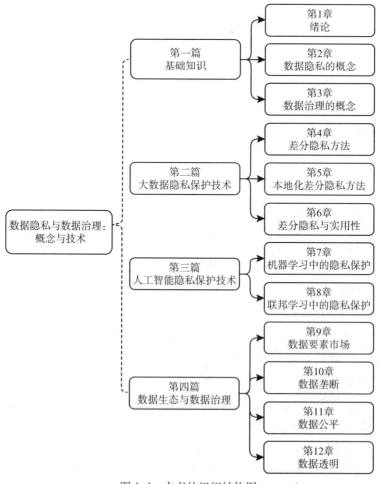

图 1.4 本书的组织结构图

参考文献

［1］ WARREN S, BRANDEIS L. The right to privacy ［J］. Harvard Law Review, 1890, 4 (5)：193−220.

［2］ U. S. deparment of commerce/national institute of standards and technology. Data encryption standard (DES) ［S/OL］. ［2021−12−31］. https：//csrc. nist. gov/csrc/media/publications/fips/46/3/archive/1999−10−25/documents/fips46−3. pdf.

［3］ DAEMEN J, RIJMEN V. Reijndael：the advanced encryption standard ［J］. Dr. Dobb's Journal：Software Tools for the Professional Programmer, 2001, 26 (3)：137−139.

［4］ RIVEST R L, SHAMIR A, ADLEMAN L. A method for obtaining digital signatures and public-key cryptosystems ［J］. Communications of the ACM, 1978, 21 (2)：120−126.

［5］ SAMARATI P, SWEENEY L. Protecting privacy when disclosing information：k-anonymity and its enforcement through generalization and suppression ［J/OL］. ［2022−02−14］. https：//dataprivacylab. org/dataprivacy/projects/kanonymity/paper3. pdf.

［6］ DWORK C, MCSHERRY F, NISSIM K, et al. Calibrating noise to sensitivity in private data analysis ［C］//Theory of Cryptography Conference. Berlin：Springer, 2006：265−284.

［7］ ERLINGSSON Ú, PIHUR V, KOROLOVA A. RAPPOR：randomized aggregatable privacy-preserving ordinal response ［C］//Proceedings of the 2014 ACM SIGSAC Conference on Computer and Communications Security. New York：ACM, 2014：1054−1067.

［8］ 孟小峰, 王雷霞, 刘俊旭. 人工智能时代的数据隐私、垄断与公平 ［J］. 大数据, 2020, 6 (1)：35−46.

［9］ MACHANAVAJJHALA A, KIFER D, GEHRKE J, et al. L-diversity：privacy beyond k-anonymity ［J］. ACM Transactions on Knowledge Discovery from Data (TKDD), 2007, 1 (1)：256−267.

［10］ LI N, LI T, VENKATASUBRAMANIAN S. T-closeness：privacy beyond k-anonymity and l-diversity ［C］//Proceedings of the 23rd International Conference on Data Engineering. Piscataway, NJ：IEEE, 2006：106−115.

［11］ XIAO X, TAO Y. M-invariance：towards privacy preserving republication of dynamic datasets ［C］//Proceedings of the 2007 ACM SIGMOD International Conference on Management of Data. New York：ACM, 2007：689−700.

［12］ GOLDREICH O. Foundations of cryptography：volume 2, basic applications ［M］. Cambridge：Cambridge University Press, 2009.

［13］ PAILLIER P. Public-key cryptosystems based on composite degree residuosity classes ［C］//International Conference on the Theory and Applications of Cryptographic Techniques. Berlin：Springer, 1999：223−238.

［14］ DAMGARD I, GEISLER M, KROIGARD M. Homomorphic encryption and secure comparison

［J］. International Journal of Applied Cryptography，2008，1（1）：22-31.

［15］ WAGH S，HE X，MACHANAVAJJHALA A，et al. DP-cryptography：marrying differential privacy and cryptography in emerging applications［J］. Communications of the ACM，2021，64（2）：84-93.

［16］ BITTAU A，ERLINGSSON Ú，MANIATIS P，et al. Prochlo：strong privacy for analytics in the crowd［C］//Proceedings of the 26th Symposium on Operating Systems Principles. New York：ACM，2017：441-459.

［17］ YAO A C C. How to generate and exchange secrets［C］//Proceedings of the 27th Annual Symposium on Foundations of Computer Science. Piscataway，NJ：IEEE，1986：162-167.

［18］ DAMGÅRD I，KELLER M，LARRAIA E，et al. Practical covertly secure MPC for dishonest majority-or：breaking the SPDZ limits［C］//European Symposium on Research in Computer Security. Berlin：Springer，2013：1-18.

［19］ MCMAHAN B，MOORE E，RAMAGE D，et al. Communication-efficient learning of deep networks from decentralized data［C］//Artificial Intelligence and Statistics. PMLR，2017：1273-1282.

［20］ 孟小峰，刘立新. 基于区块链的数据透明化：问题与挑战［J］. 计算机研究与发展，2021，58（2）：237-252.

第 2 章

数据隐私的概念

在大数据时代，人们的个人信息被源源不断地数据化，个人隐私问题也随之凸显。在此背景下，数据隐私的主体是个人或组织团体，客体是个人信息或团体信息，内容是主体不愿泄露的事实或行为。然而，由于大数据具有大规模性、多样性与高速性，数据隐私的边界难以鉴定，数据隐私的分类方式也多种多样。

因此，本章从数据隐私的特征出发，主要介绍数据隐私的分类与框架，使读者对隐私有初步的认识。基于数据拥有者和数据使用者之间的不同关系，本章将数据隐私保护场景划分为五类，并分别对每类的隐私定义、场景案例和保护方法进行具体阐述。最后，针对不同的风险，提出混合式与综合性的数据隐私管理框架。

2.1 引言

数据隐私与新技术变革之间的冲突贯穿整个信息技术的发展史。19 世纪，以报纸为代表的新型媒体是最早披露个人隐私的信息技术，这类隐私泄露通常利用法律进行保护；20 世纪 60 年代，信息技术的革新使大型计算机开始挑战人们对隐私的传统认识，针对这类隐私威胁常采用密码技术进行保护；21 世纪前 10 年，网络技术和社交媒体的蓬勃发展使个人隐私无处可藏，这类隐私泄露通常利用匿名化技术（anonymization）和模糊化技术（de-identification）进行保护。

然而在大数据时代，大数据的大规模性、高速性和多样性等特征，使它不同于小数据。上述提到的针对小数据的隐私保护方法在大数据上存在很大的局限性：大数据的多样性带来的多源数据融合使传统的匿名化和模糊化技术几乎无法生效；大数据的大规模性与高速性带来的实时性分析使传统的加密和密码学技术遇到了极大的瓶颈。此外，大规模性数据采集技术、新型存储技术以及高级分析技术使大数据的隐私保护面临更大的挑战。

因此，在大数据时代下，保护数据中的隐私信息有着独特的意义，传统的隐私保护理论和技术已经无法涵盖大数据隐私的内涵，有必要对大数据隐私保护问题进行重新思考与定位。

2.2　数据隐私的定义与特征

在思考大数据隐私保护问题之前，我们首先需要了解数据隐私的特征。本节将从数据隐私的定义出发，说明数据隐私的三个基本特征，并进一步探讨数据隐私和信息安全的区别。

2.2.1　数据隐私的定义

数据隐私指个人、机构等实体不希望被外界知晓的信息，如个人的薪资、医疗记录等。图 2.1 描述了与个人相关的隐私信息。在具体场景中，数据隐私的具体定义会随着数据与数据拥有者的不同而发生改变。例如，保守的人会将社交关系视为隐私，而开放的人愿意披露自己的社交关系。

2.2.2　数据隐私的基本特征

基于上述数据隐私定义，可以发现数据隐私具有三个基本特征。
- 数据隐私的主体是个人或组织团体。
- 数据隐私的客体是个人信息或团体信息。
- 数据隐私的内容是主体不愿意泄露的事实或者行为。

此外，在大数据背景下，由于大数据具有大规模性、多样性与高速性的独有特征，数据隐私还具有边界难以鉴定的特征。

2.2.3　数据隐私和信息安全的区别

2012 年 1 月，奥巴马在消费者隐私条例草案发布会上说："目前比以往任何时候更需要隐私，大数据时代更加如此。"[1] 先前有文献从信息安全的角度阐述大数据管理问题[2]，实际上，数据隐私和信息安全存在一定的区别。

1. 二者定义的区别

数据隐私是指个人、组织机构等实体不愿意被外部知道的信息，比如，个人的行为模式、位置信息、兴趣爱好、健康状况、公司的财务状况等，如图 2.1 所示。数据隐私主要涉及数据的模糊性、隐私性、可用性。

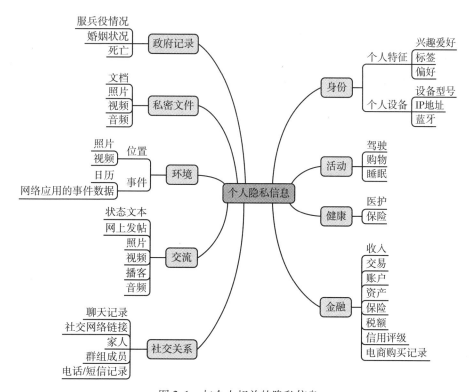

图 2.1　与个人相关的隐私信息

信息安全是指信息及信息系统免受未经授权的访问。未经授权的操作包括非法使用、披露、破坏、修改、记录及销毁等。信息安全主要涉及数据的机密性、完整性、可用性。

2. 二者实施技术的区别

信息安全的实施技术包括访问控制和密码学；而数据隐私的实施技术包括模糊化、匿名化、差分隐私（differential privacy）以及加密等。虽然信息安全技术能够保证基础设施、通信与访问过程数据的安全性，但是数据的隐私还有可能被泄露。例如，一个被授权的恶意用户可以误用 Alice 的数据并将其与其他数据融合，这些操作可能会泄露 Alice 的隐私。虽然数据隐私和信息安全存在以上区别，但是二者的最终目的是一致的，即数据能够被私密地、安全地访问和分析。

2.3 数据隐私的分类

我们可从多个角度对数据隐私进行多方面的分类。本节首先根据隐私信息参与者的不同，介绍数据隐私构成要素；然后根据隐私表现形式的不同，介绍显式隐私与隐式隐私两种典型分类；最后根据数据隐私构成要素之间数据流通过程的不同，介绍数据隐私保护的五类场景。

2.3.1 数据隐私的构成要素

根据隐私信息参与者的不同，数据隐私的构成要素可分为用户（user）、数据收集者（collector）、攻击者（adversary）三类。

- **用户**：用户是隐私信息的主体，隐私信息来源于用户。
- **数据收集者**：数据收集者是指大量收集用户数据的第三方，他们对数据进行收集和加工，进而分析得到用户的隐式隐私信息。
- **攻击者**：攻击者是指意图窥探用户隐私信息的个体，他们攻击的对象包括用户和数据收集者。

隐私泄露问题源于这三者之间的数据流通。因此，对数据流通过程进行细致分析有助于加深对隐私问题的认识和理解。一般地，我们认为数据的当前属主，即数据拥有者，包括用户本身和数据收集者；而可能访问数据的所有对象，即数据使用者，包括用户、数据收集者和攻击者。

2.3.2 显式隐私与隐式隐私

根据表现形式的不同，数据隐私类别可以分为显式隐私（explicit privacy）和隐式隐私（implicit privacy）两类。

1. 二者的基本定义

（1）显式隐私

显式隐私是指显式存在的个人的敏感信息，这些信息为用户本身所知晓。例如，个人的姓名、年龄、职业等身份信息，实时位置、生活住址、工作地址等位置信息，人脸、指纹、DNA 等生物信息，这些都是显式存在并且已经为用户所知晓的个人敏感信息。

（2）隐式隐私

与显式隐私相反，隐式隐私是指由第三方收集加工并推理得到的关于用户的敏感信息，而这些信息却并不一定为用户所知晓。例如，第三方大量收集用户的出行轨迹信息，分析用户每天将于何时到达何地的出行信息；第三方收集用户的购买历史记录，分析用户的购物偏好；第三方根据用户的金融消费信息，分析用户的贷款意向等。

现实生活中，显式隐私往往能够引起用户更多的关注，其泄露等问题更容易凸显。而隐式隐私由于不易被发觉的特性，其泄露与否往往是用户自身都难以得知的，因此其泄露也会更加泛滥。在万物互联时代的背景下，隐式隐私应是当下研究所考虑的重点问题。

2. 二者的构成要素

图 2.2 显示了显式隐私和隐式隐私的构成要素。对于显式隐私而言，其构成要素包括用户和攻击者，隐私信息直接来自用户数据，并且为用户所知晓，攻击者对此类隐私信息进行攻击将导致显式隐私泄露。对于隐式隐私而言，除了用户和攻击者之外，还包括数据收集者这个关键的构成要素，隐私信息并非直接来自用户数据，而是通过数据收集者对用户数据的收集加工而分析出来的，并且该隐私信息不一定为用户所知晓，攻击者对其进行攻击将导致隐式隐私泄露。

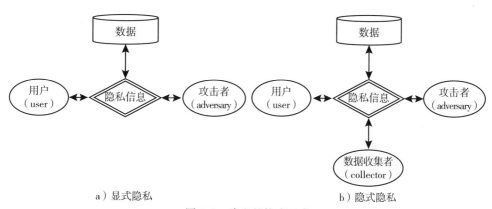

a）显式隐私   b）隐式隐私

图 2.2 隐私的构成要素

除上述分类外，根据来源的不同，数据隐私还可分为监视（surveillance）带来的隐私、披露（disclosure）带来的隐私、歧视（discrimination）带来的隐私三类。

- **监视带来的隐私**：监视是指通过非法的手段跟踪、收集个人或者团体的敏感信息。例如，网站利用 Cookie 技术跟踪用户的搜索记录、利用视频监视系统窥视他人的行为等。这类隐私通常利用问责系统或者法律手段来保护。
- **披露带来的隐私**：披露是指故意或无意中向不可信的第三方透露数据或遗失数据。该类隐私通常利用匿名化、差分隐私、加密、访问控制等技术来保护。

- **歧视带来的隐私**：歧视是指由于大数据处理技术的不透明性，普通人无法感知和应用，会在有意或无意中产生歧视结果，进而泄露个人或者团体的隐私。该类隐私通常利用法律法规手段来保护。

2.3.3　数据隐私保护场景

基于数据隐私构成要素之间数据流通过程的不同，图 2.3 将数据隐私保护场景划分为攻击者-用户隐私（P1）、数据收集者-用户隐私（P2）、数据收集者-数据收集者隐私（P3）、攻击者-数据收集者隐私（P4），以及用户-数据收集者隐私（P5）五类。

		数据使用者		
		用户	攻击者	数据收集者
数据拥有者	用户	╳	P1：显式隐私	P2：隐式隐私
	数据收集者	P5：隐式隐私	P4：隐式隐私	P3：隐式隐私

图 2.3　五类数据隐私保护场景

下面分别对这五类隐私的定义、场景案例和保护方法进行具体阐述。

1. 攻击者-用户隐私

攻击者（adversary）-用户（user）隐私，即 A-U 隐私，是指攻击者直接从用户处获取数据而得到的关于用户的敏感信息，这是传统意义下的隐私泄露问题。

随着大数据、物联网和云计算等技术的发展，人们的生活越来越呈现出数字化特征，时时刻刻的生活轨迹都被精确记录下来。例如，浏览器存储了用户在互联网的搜索记录；移动设备的全球定位系统（Global Positioning System, GPS）传感器记录了个人的实时位置信息；个人身上穿戴的各种传感器能够实时感知体温、汗液等多种生理指标；等等。此类信息中蕴含了诸多敏感信息，一旦遭到攻击，将直接泄露用户的隐私，如用户频繁访问的网站、生活出行轨迹和生理健康状况等。

A-U 隐私是显式存在的敏感信息泄露，因此其属于显式隐私的范畴。目前，对于此类隐私的保护方法一般是采取技术手段，包括数据加密技术和数据失真技术。数据加密技术[3] 是针对数据的一种安全保密措施，其利用技术手段把用户数据通过加密的方式转换成密文进行存储，而使用该数据前则需要先将密文解密。算法和密钥为加密技术的两个元素，前者将普通的文本与一串数字结合，产生不易理解的密文，而后者则是对数据进行编码和解码的算法。将用户数据进行加密存储，有效地对攻击者获取用户数据添加了一道屏障。基于数据失真技术的隐私保护方法通过扰动原始数据，使攻击者不能重构出真实的原始数据，主要包括随机化技术、匿名化技术和差分隐私保护技术。随机化技术一般通过随机化修改（random perturbation）敏感数据或随机化响应（randomized response）敏感查询[4] 实现对数据隐私的保护；匿名化技术则是将原始数据进行分组，使同一组内的多条记录不可区分，包括 k-匿名[5]、l-多样性[6] 和 t-紧密性[7] 等；差分隐私保护技术[8] 通过拉普拉斯机制[9] 或指数机制[10] 向数据中添加噪声的方式保证在数据集中添加或删除一条数据不会影响隐私查询结果。

2. 数据收集者-用户隐私

数据收集者（collector）-用户（user）隐私，即 C-U 隐私，是指第三方数据收集者收集和存储用户数据，并施以技术手段从中分析得到关于用户的敏感信息，属于隐式隐私。

生活在数字时代的我们无时无刻不在使用各种智能设备，享受着第三方应用服务商提供的各种便捷服务。例如，就国内市场而言，阿里巴巴的移动支付极大便利了用户的消费；腾讯、新浪为用户提供了实时交互的平台，便利了社交；美团为用户提供外卖服务，便利了日常生活的需求。看似是用户在享受这些"免费"的服务，实则是用户以"数据支付"的方式回馈企业，即企业向用户提供服务的同时收集了用户的大量数据，并以此对外提供大数据分析服务。这是由于基于用户数据能分析出用户的行为特征，例如，移动支付数据中蕴含用户的金融消费特征，社交数据直接暴露用户的社交网络信息，外卖服务则建立在用户的精确位置信息上。此类信息均属于用户的敏感信息，甚至连用户都未曾意识到自身存在的行为模式和特征。

C-U 隐私产生于用户和服务提供商之间的交互，用户享受提供的服务，服务提供商充当数据收集者的角色对用户数据进行收集和分析。然而，数据收集实则是一把双刃剑，虽然数据收集和分析是为了提供更好的服务，却带来了潜在的隐私泄露风险。我国 2018 年 5 月 1 日开始实施的《信息安全技术个人信息安全规范》要求个人信息控制者对个人信息的收集需满足合法性要求、最小化要求以及收集个人信息时征得授权同意。无独有偶，欧盟于 2018 年 5 月 25 日开始试行的《通用数据保护条例》(General Data Protection Regulation，GDPR) 同样对个人信息的保护提出了严格的要求，包括知情权、数据可携权和被遗忘权等。

3. 数据收集者-数据收集者隐私

数据收集者（collector）-数据收集者（collector）隐私，即 C-C 隐私，是指第三方数据收集者之间的数据交易和流通，伴随着用户敏感信息在数据收集者之间的流通，同属于隐式隐私范畴。

为了提供更好的用户体验，各大公司和企业大量收集了用户数据以提高服务质量。然而，由于特定企业一般服务于特定的领域，因此收集的数据也限定于该领域，例如，阿里巴巴主要收集用户的金融消费数据，腾讯侧重于用户的社交网络数据，滴滴出行则关注用户的位置和轨迹数据。为了提供全方位的服务，不同公司和企业之间的业务合作不可避免，其中自然包含了数据交易与流通。例如，京东旗下包含京东阅读和京东金融等业务，对58同城的投资带来了相互之间消费数据的流通，与极光推送的业务合作带来了相互之间阅读数据的流通，对1号店的收购带来了相互之间用户数据的流通；阿里巴巴对滴滴出行的投资带来了互相之间位置数据的流通，与圆通速递的业务合作带来了互相之间物流数据的流通，与众安保险的业务合作带来了用户信息及信用记录的流通等。数据交易和流通在国外市场同样盛行，以美国为例，其数据资产交易主要以商家对交易平台对客户（Business to Business to Consumer，B2B2C）分销集销混合模式为主，即数据平台以数据经纪商的身份收集用户数据并将其转让、共享给他人，并基于此产生了 Acxiom、Corelogic、Datalogix、eBureau 等九大数据经纪商。

C-C隐私存在于第三方数据收集者之间的数据流通和交易中，由于其中涉及的用户量巨大，因此数据一旦被泄露，其后果的严重性可想而知。为保护数据交易和流通过程中用户的隐私信息不被泄露，目前主要靠政府对数据交易的监管和相应的法律约束，包括2012年发布的《全国人民代表大会常务委员会关于加强网络信息保护的决定》、中国通信信息研究院发布的《2016数据流通行业自律公约》等。此外，从技术角度而言，区块链技术作为一种去中心化、公开透明的互联网数据库技术，对C-C隐私的保护具有天然的适应性。每个公司和企业均基于区块链完成数据交易，如此保证了数据透明，且所有的用户数据均具有可溯源性，一旦发生隐私泄露，便可轻松追溯源头，实现问责。

4. 攻击者-数据收集者隐私

攻击者(adversary)-数据收集者（collector）隐私，即 A-C 隐私。本节进一步阐述收集了大量用户数据的数据收集者一旦受到攻击将带来的 A-C 隐私问题，即攻击者通过攻击数据收集者而得到关于用户的敏感信息，导致隐式隐私泄露。

攻击者对数据收集者的攻击在于两个方面：敏感数据和分析模型。首先说明关于对敏感数据的攻击。由于不同源的数据在第三方数据收集者之间流通，数据的集成和融合也将使更多关于用户的隐式隐私信息被挖掘出来。例如，目前众多公司和企业都有一套精确的用户画像体系，其中包含数百种关于用户的标签，包括性别、年龄、婚姻状况等人口属性，社交区域、常住地址、工作区域等位置信息，消费偏好、消费品级、收入能力水平、有无车标识等一般行为信息，旅游应用偏好、旅游品质偏好、旅游目标偏好等旅游信息，房贷、车贷、理财、银联支付等金融信息，等等，其中大部分标签的准确性甚至达到 95% 以上。下面接着阐述关于攻击者对分析模型攻击。作为第三方数据收集者的公司和企业，为了充分利用数据价值，挖掘其中蕴含的信息，各种基于数据分析的机器学习模型被开发出来。对分析模型的攻击[11-13]，是指攻击者直接攻击公司和企业所发布的数据分析模型，例如逻辑回归、决策树、支持向量机和神经网络等机器学习模型，进而从中查询用户的敏感信息，甚至以直接复制该模型或模仿一个近似模型的方式获取用户的敏感信息。

A-C 隐私源于攻击者对第三方数据收集者的攻击，因此对 A-C 隐私的保护主要依赖于对数据收集者在数据的存储、分析和发布过程中进行保护，其保护策略主要集中在技术层面，具体方法与 A-U 隐私的保护类似，此处不再赘述。此外，在实际应用中，数据收集者一般希望最大化数据的价值，即要求数据具有较高的可用性，而数据可用性与隐私保护程度两者存在矛盾关系，因此，对于 A-C 隐私还需权衡个人隐私保护和数据可用性的问题。

5. 用户-数据收集者隐私

用户（user）-数据收集者（collector）隐私，即 U-C 隐私，是指用户从第三方数据收集者处获取自身数据，其中包含众多关于用户自身的隐私信息。

各种智能设备的广泛应用便利了第三方数据收集者对大规模用户数据的收集，数据收集者和用户之间看似进行着"服务"和"数据"的等价交换，然而，就数据的归属问题而言，其所有权应当归属于用户自己。因此，各大公司和企业所存储的海量用户数据也并非它们所有，应将其视为用户托管和授权调用。当前，世界范围内的数据泄露事件层出不穷，引起人们对隐私问题越来越多的重视，因此他们希望了解自身的数据被收集的情况。

对于 U-C 隐私的保护，实质上是对用户访问自身数据的一种保证，目前尚有赖于法律法规的制定和执行。欧盟的《通用数据保护条例》规定了用户对个人数据的访问权，数据收集者应当为用户实现该权利提供相应的流程；同时，《通用数据保护条例》还规定了用户对于数据收集者对个人数据的使用具有反对权，即用户始终有权随时拒绝数据收集者基于他们个人数据的市场营销行为。

2.4 数据隐私的框架

解决大数据隐私问题的当务之急是，针对不同的风险，建立混合式与综合性的数据隐私管理框架，并积极拓展数据隐私管理的关键技术研究。

数据隐私管理的总体目标是利用我们自己的管理理念和方法，像管理 Web 数据、可扩展标记语言（eXtensible Markup Language，XML）数据与移动数据一样管理大数据隐私。具体目标包括如下 3 点。

- **为大数据的应用提供技术支撑**。隐私是大数据应用的前提，若隐私问题不能得到很好地解决，则相应的应用很有可能成为空谈。因此，应着力于防止数据收集者、数据分析者、分析结果的使用者恶意泄露隐私信息，防止大数据生命周期中收集、处理、存储、转换、销毁各个阶段中隐私的泄露。

- **为那些悬而未决的隐私挑战寻找方法**。目前许多领域仍未找到合适的隐私保护策略，比如：医疗保障和研究领域中，如何挖掘个人临床数据而又不存在保险歧视的风险，如何配送人性化基因药物而不存在医疗数据的误用等；市场营销领域中，如何确保消费者的信息在雇用或保险决策时没有被滥用。

- **给打算公开数据的企业和个人一颗定心丸**。对于想公开和共享数据的人来说，数据隐私是第一位的。在不泄露数据隐私的前提下，可以公开数据并允许其他用户访问。比如，为科学研究公开自己的位置信息而不存在被恶意跟踪的风险，公开自己的社交网络信息而不存在丢掉工作的风险等。

本节提出一种大数据隐私主动式管理框架，如图 2.4 所示。该框架包括隐私风险监测体系、隐私风险评估体系、隐私主动管理体系、隐私溯源问责体系以及法律法规保障体系 5 大部分，为实现大数据隐私管理提供技术支持。

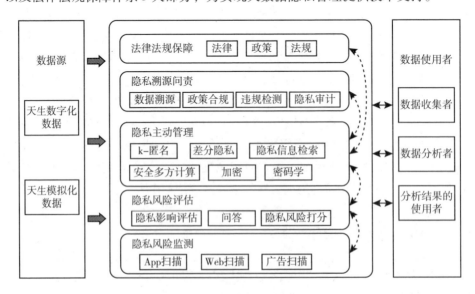

图 2.4 大数据隐私主动式管理框架

2.4.1　隐私风险监测

隐私风险是指基于个人或者团体数据构成数据隐私泄露的操作。比如，一个恶意攻击者在网站中植入意外查询、挖掘社交网络数据中人与人之间的链接关系等，这些操作均有可能披露隐私。隐私风险监测体系是为了在处理大数据时，能够主动侦测到那些不正当的或者存有恶意的操作。不同操作的目的不同，比如，过分收集数据是为了挖掘更有价值的知识，群发电邮、免费 App、广告投放是为了获取更高的商业利益，窃取身份信息、泄露病人病情、黑客入侵、投放计算机病毒等恶意行为是为了窃取财物或者伤及别人。隐私风险监测体系是上层隐私主动管理与法律法规保障的基础。

隐私风险监测包含两个层面的含义。

- **具有在缺乏诚信的应用环境中主动扫描到外部恶意攻击的能力**。例如，免费 App 是否扫描自己的手机数据；手机中投放过来的移动广告是否记录自己的地理位置；Web 搜索服务是否利用 Cookies 技术记录自己的会话等。
- **具有为上层管理体系主动发布隐私风险的能力**。目前常用的隐私风险监测技术是基于成本最优博弈理论（cost-optimalgame-theoretical）的方法[14]。

2.4.2　隐私风险评估

隐私风险评估是继隐私风险监测之后的管理体系，为大数据应用提供基础性服务，是支撑大数据应用的重要手段。隐私风险评估同样应具有两层含义：

- 具有在某个大数据应用的初级阶段能够主动分析出隐私风险大小的能力；
- 具有指导上层隐私管理技术体系如何选择相应技术的能力。

一方面，可以通过简单的问答（Q&A）方式进行隐私风险评估，例如，用户数据在服务于一些大数据应用时，这些应用是否与用户本人相关？如果用户数据不含敏感信息，则个人隐私风险可能是轻微的；如果涉及用户本人，应该给出影响隐私泄露的原因、哪些额外操作甄别了用户数据、涉及应用的所有操作是否可信。另一方面，可以通过技术手段进行隐私风险评估。隐私影响评估（Privacy Impact Assessment，PIA）[15] 与需求表达和安全鉴定（Expression of Needs and Identification of Security，EBIOS）是常用的风险评估技术，其中 PIA 采用阈值技术评估隐私风险，而 EBIOS[16] 使用风险严重程度与发生的可能性来衡量隐私风险的大小。

在进行风险评估时，为了避免触及原始数据，应该在隐私保护下做隐私风险评估，常用的方法是安全多方计算[17]。此外，也可以根据隐私风险的不同等级，采用概率模型对操作的敏感性和可见性进行评估，利用隐私风险打分（privacy risks score）机制，自动为相应操作给出分值并起到预警作用[18]。

2.4.3 隐私主动管理

图 2.4 中的隐私主动管理体系为整个大数据隐私管理框架提供了重要的技术和管理支撑，其核心涵盖以下 4 个方面的应用需求。

1. 支持不同类型的查询需求

在隐私管理过程中，查询通常是数据使用者通过交互式环境提交的，是大数据最常用的应用之一。例如，聚集查询、top-k 查询、workload 查询、范围计数查询、直方图查询等。

2. 支持不同数据类型的发布需求

无论是天生数字化数据或者天生模拟化数据，转换之后的数据均可以表示成不同的数据类型，比如，关系数据、图数据、流数据、字符序列数据等。而在非交互式环境下发布这些隐私数据，将有利于行业内科技的发展。

3. 支持数据挖掘与机器学习的分析需求

数据分析是整个大数据处理的核心，是发掘大数据真实价值的具体过程。数据分析常用方法有 top-k 频繁模式挖掘、线性与逻辑回归、支持向量机分类、深度学习等。

4. 支持主动或者自适应选择隐私管理技术的需求

在大数据管理环境中，不同类型的数据所需要的隐私保护程度不同，使用的技术也不同。目前，隐私管理技术包括匿名化技术、差分隐私保护技术、隐私信息检索技术、安全多方计算技术、数据加密技术等。隐私主动管理体系应能够根据不同的数据类型与隐私风险评估结果，自适应或者主动选择相应的隐私管理技术来实现大数据隐私的管理。为了利用上述提到的隐私管理技术，这里设计了一种主动式隐私保护框架，如图 2.5 所示，该框架可以实现隐私管理技术的自适应选择。

2.4.4 隐私溯源问责

溯源问责[19] 是指如果一个实体（例如项目负责人）的行为违反了某一策

略和规则，则该实体应当受到惩罚。隐私溯源问责是隐私主动管理体系与法律法规保障体系之间的桥梁，与隐私主动管理体系是相辅相成的。隐私溯源问责在整个隐私管理框架中起到的作用犹如法律法规在社会中起到作用，对违反操作策略和规定的人要追究其责任。隐私管理技术通过模糊化或加密来控制数据的访问，并且在特定的攻击模型下才能生效。当隐私管理技术不能生效时，隐私溯源问责体系起着问责和追究责任的作用。

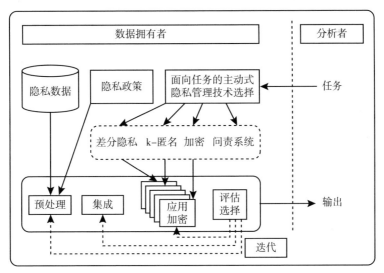

图 2.5　主动式隐私保护框架

隐私溯源问责体系结合计算机技术、社会科学与法律法规对整个大数据操作起到监管作用，其功能应包含 3 点：具有标记不妥当操作的能力；利用策略语言标准检验是否违反了策略与规定的能力；给出相应惩罚的能力。此外，实施问责系统需要数据溯源、策略违反检测、隐私审计等技术的支持。

2.4.5　法律法规保障

由于大数据隐私管理的法律法规的特殊性，本节仅对其进行简单的讨论。法律法规是隐私保护技术之外的隐私保障手段。因此，在管理隐私过程中，仅依靠技术是不够的，纯技术代替不了法律和社会道德对隐私侵害的制裁和约束。美国和欧盟相继颁发了隐私法案，来规范个人数据在收集、使用与传播等方面的行为；2013 年 6 月，我国工业和信息化部发布《电信和互联网用户个人信息保护规定》；2021 年 11 月，《中华人民共和国个人信息保护法》开始施行。这些规定为互联网个人信息的收集、使用提供了安全与法律法规保障。由此看来，在大数据隐私管理过程中，政府应制定、改进和完善相应的隐私权法案，从法律法规角度为用户提供强大的隐私保护屏障。

2.5 小结

本章首先从数据隐私的特征出发，阐述了数据隐私与信息安全的区别。传统意义下，隐私信息是直观存在的，指个人、组织机构等实体不愿意被外部知道的信息，显然这些隐私信息是用户本身所了解的。然而在大数据背景下，第三方数据收集者通过对收集的大量用户数据进行加工和分析，往往能得到更深层次的敏感信息，且此类敏感信息一般不为用户本身所知晓，因此将对隐私问题带来更为严峻的挑战。鉴于此，本章首先剖析了数据隐私的构成要素，将数据隐私分为显式隐私与隐式隐私，然后详细地分析了数据流通过程，介绍了攻击者-用户隐私、数据收集者-用户隐私、数据收集者-数据收集者隐私、攻击者-数据收集者隐私，以及用户-数据收集者隐私五类数据隐私保护场景，最后介绍了一种混合式与综合性的数据隐私管理框架，以期读者对数据隐私问题有更深入的认识和理解。

参考文献

［1］ PODESTA J, PRITZKER P, MONIZ E J, et al. Big data：seizing opportunities, preserving values ［R/OL］. （2014-05-01） ［2022-08-01］. https：//obamawhitehouse. archives. gov/ sites/default/files/docs/20150204_ Big_ Data_ Seizing_ Opportunities_ Preserving_ Values_ Memo. pdf.

［2］ 冯登国，张敏，李昊. 大数据安全与隐私保护 ［J］. 计算机学报，2014, 37 （1）： 246-258.

［3］ GOLDREICH O. Foundations of cryptography：volume 2, basic applications ［M］. Cambridge： Cambridge University Press, 2004.

［4］ WARNER S L. Randomized response：a survey technique for eliminating evasive answer bias ［J］. Journal of the American Statistical Association, 1965, 60 （309）：63-69.

［5］ SAMARATI P, SWEENEY L. Generalizing data to provide anonymity when disclosing information ［C］//Proceedings of the Seventeenth ACM SIGACT-SIGMOD-SIGART Symposium on Principles of Database Systems. New York：ACM, 1998：10-1145.

［6］ MACHANAVAJJHALA A, KIFER D, GEHRKE J, et al. L-diversity：privacy beyond k-anonymity ［J］. ACM Transactions on Knowledge Discovery from Data （TKDD）, 2007, 1 （1）：256-267.

［7］ LI N, LI T, VENKATASUBRAMANIAN S. T-closeness: privacy beyond k-anonymity and l-diversity ［C］//Proceedings of IEEE 23rd International Conference on Data Engineering. Piscataway, NJ: IEEE, 2007: 106-115.

［8］ DWORK C. Differential privacy ［C］//Proceedings of International Colloquium on Automata, Languages, and Programming. Berlin: Springer, 2006: 1-12.

［9］ DWORK C, MCSHERRY F, NISSIM K, et al. Calibrating noise to sensitivity in private data analysis ［C］//Proceedings of Theory of Cryptography Conference. Berlin: Springer, 2006: 265-284.

［10］ MCSHERRY F, TALWAR K. Mechanism design via differential privacy ［C］//Proceedings of 48th Annual IEEE Symposium on Foundations of Computer Science (FOCS'07). Piscataway, NJ: IEEE, 2007: 94-103.

［11］ TRAMÈR F, ZHANG FAN, JUELS A, et al. Stealing machine learning models via prediction APIs ［C］//Proceedings of the 25th USENIX Security Symp. Berkeley, CA: USENIX Association, 2016: 601-618.

［12］ FREDRIKSON M, JHA A, RISTENPART T. Model inversion attacks that exploit confidence information and basic countermeasures ［C］//Proceedings of the 2015 ACM SIGSAC Conference on Computer and Communications Security. New York: ACM, 2015: 1322-1333.

［13］ SHOKRI R, STRONATI M, SONG C, et al. Membership inference attacks against machine learning models ［C］//Proceedings of the 38th IEEE Symposium on Security and Privacy. Piscataway, NJ: IEEE, 2017: 3-18.

［14］ ABBE E A, KHANDANI A E, LO A W. Privacy-preserving methods for sharing financial risk exposures ［J］. American Economic Review, 2012, 102 (3): 65-70.

［15］ WRIGHT D, DE HERT P. Privacy impact assessment ［M］. Dordrecht: Springer, 2012.

［16］ ABBASS W, BAINA A, BELLAFKIH M. Using EBIOS for risk management in critical information infrastructure ［C］//Proceedings of 5th World Congress on Information and Communication Technologies (WICT). Piscataway, NJ: IEEE, 2015: 107-112.

［17］ CLIFTON C, KANTARCIOGLU M, VAIDYA J, et al. Tools for privacy preserving distributed data mining ［J］. ACM SIGKDD Explorations Newsletter, 2002, 4 (2): 28-34.

［18］ LIU K, TERZI E. A framework for computing the privacy scores of users in online social networks ［J］. ACM Transactions on Knowledge Discovery from Data (TKDD), 2010, 5 (1): 1-30.

［19］ FEIGENBAUM J, JAGGARD A D, WRIGHT R N. Towards a formal model of accountability ［C］//Proceedings of the 2011 New Security Paradigms Workshop. New York: ACM, 2011: 45-56.

第 3 章

数据治理的概念

随着物联网技术的迅猛发展，移动设备广泛普及，用户数据收集越来越频繁，数据成为企业发展的基础战略资源。然而，大多数企业只追求最大化企业利润，会最大限度地将数据转化为收益，忽视数据收集、使用和共享过程中产生的数据伦理问题。当下的数据伦理问题不仅仅局限于数据隐私问题，还包括数据垄断、数据公平和数据透明问题，对数据进行治理迫在眉睫。

本章首先阐明数据治理的概念，说明当下的数据治理区别于传统的来自政府、企业、信息技术（Information Technology，IT）领域的治理，既有其一般性，也有其特殊性。我们应放眼当下的数据生态，而不仅仅从数据生命周期的角度对数据治理加以思考。由此，我们提出数据治理的四层技术体系，并对比各国的数据治理法案，通过列举数据治理实践，说明我国逐步加速的数据治理进度。

3.1 引言

"治理"（governance）一词起源于拉丁文"掌舵"（steering），最初用于"政府治理"，目标是协调政府与其他社会主体之间的利益，后来逐渐受到企业的认同和重视，出现了"企业治理"，目标是协调企业内部利益相关者的利益。随着 IT 资源和数据资源的日益丰富，又出现了"IT 治理"和"数据治理"。后来，由于大数据的流通性、多源数据融合和涉及多方参与主体等应用特性，"数据治理"又进一步延伸,出现了"大数据治理"。"大数据治理"关注大数据生命周期中数据生产者、数据收集者、数据使用者、数据处理者和数据监管者等各方参与主体。"大数据治理"的目标是在兼顾各方参与主体的权利、责任和利益的前提下发挥数据价值,即大数据价值实现和风险规避。数据治理的发展过程和涉及的参与主体如图 3.1 所示[1]。

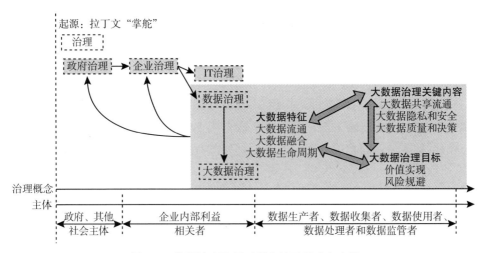

图 3.1　数据治理发展过程和涉及的参与主体

大数据的应用特性与数据治理的目标决定了当下数据治理的关键内容。目前,数据治理的关键内容和挑战聚焦在以下 3 个方面。

1. 提高决策数据质量

实现大数据价值需要多源数据的融合,然而大数据来源广泛且生命周期内涉及多方参与主体,数据是否真实产生、数据被篡改以及多源数据的标准和类型不一致等问题都会影响决策数据质量,进而影响数据使用者的数据决策结果。所以,数据治理需要支持大数据在其全生命周期内的溯源。

2. 评估与监管个人隐私数据的使用

大数据应用的流通特征使数据生产者对数据的获取和共享缺乏知情权和控制权。作为数据生产者,用户不知道哪些数据被收集、被谁收集、数据被收集之后流向哪里和作何使用。同时,数据的收集汇聚导致数据垄断现象出现。数据垄断可能会阻碍市场竞争、使消费者福利受损、阻碍行业技术创新并带来更严重的个人隐私泄露风险等问题,但数据监管者却无法对数据应用进行评估和监管;此外,大数据应用的多源数据融合特征还可能会引发更严峻的隐私泄露问题。所以,数据治理需要对个人隐私数据的使用进行评估与监管。

3. 促进数据共享

数据共享可以促进大数据价值实现、缓解数据垄断，但同时也需要解决隐私保护等问题。一方面，共享数据的双方之间发生数据共享流通时，考虑到隐私问题，需要有效的方式保护数据生产者的个人隐私；另一方面，限于法律和实际应用中的一些因素，需要在不直接传输原始数据的情况下，依据多方数据持有者的数据实现分布式数据集进行统计分析和分布式机器学习。由于多方参与者之间不存在完全的可信性，此时应该能够保护数据使用者对其共享过程进行验证。所以，数据治理需要在权衡数据生产者和数据使用者等参与主体利益的前提下促进数据共享。

数据治理拓展了数据隐私的内涵，并将数据垄断、公平、透明等数据伦理问题同时加以考虑。接下来，本章将从数据周期和数据生态的角度探究数据治理，解析数据治理的相关法案，并通过具体的数据治理实践说明国内与国外的数据治理进度。

3.2　数据治理的体系

当前学术界与工业界在探讨数据治理问题时，大多从数据生命周期的角度来看，分析各个环节中存在的数据安全与隐私问题，我们称之为"周期观"。然而，从数字社会的构成来看，数据产生出算法，并进一步上升到平台，最终构成整个数据生态。这促使我们必须跳脱僵化固守的观点，从一个全新的视角认识数据治理问题。从治理的范畴而言，这种"生态观"的治理思想相较于"数据生命周期"，其覆盖的范围更为广泛。要构建一个健康有序的数据生态，保证数据隐私、算法公平、平台反垄断和数据透明缺一不可。为此，我们基于社会数据基础设施提出了数据治理的四个层次。[2]

1. 以隐私为核心的数据层

在当前社会背景下，数据安全与隐私问题主要来源于大规模数据收集、监视和操纵，其波及范围更广，产生的影响也更为深远，尤其表现在个人隐私泄露方面。当前的大数据隐私问题表现出"BCD"特征：第一，Beyond Users，即凌驾于用户之上的目标，大数据收集者不仅将数据用于改善用户体验，也通过数据交易提高收益；第二，Cheap Service，即为用户提供廉价服务，大数据收集者通过为用户提供廉价的产品来获取更昂贵的个人数据；第三，Deceptive Means，即通过欺骗性手段挖掘更多用户价值，大数据收集者可能会向用户申请其提供服务并不需要的权限。

2. 以公平为核心的算法层

算法是人工智能的核心所在，然而从算法的提出、训练、测试和最终应用来看，其本身存在较为突出的公平问题。《新一代人工智能治理原则——发展负责任的人工智能》中将"公平公正"列为原则之一，指出人工智能发展应促进公平公正、保障利益相关者的权益、促进机会均等。通过持续提高技术水平，改善管理方式，在数据获取、算法设计、技术开发、产品研发和应用过程中消除偏见和歧视。

3. 以垄断为核心的应用层

随着数据的累积，数据作为驱动人工智能等技术发展的重要资源，逐渐成为各科技公司争夺的主要对象，不同科技企业在数据资源的储备量上的差异也愈加明显，数据垄断逐渐形成，并催生了"堰塞湖"，各企业间的数据难以互通。我们基于 3000 万份真实用户数据和 30 万份 App 数据，对当前的数据收集情况进行量化分析发现，当前数据垄断形势异常严峻——10% 的收集者获取了99% 的权限数据，形成了远超传统"二八定律"的数据垄断。而连续三年的研究表明，该严峻形势并没有得到缓解且愈演愈烈。

4. 以透明为核心的生态系统

隐私、公平、垄断等伦理问题的产生，本质上是数据不透明所造成的。从系统的角度看，以数据透明为核心，构建健康有序的数据生态十分重要。数据透明的定义有广义和狭义之分，广义的数据透明包括狭义的数据透明和算法透明。其中，前者指有效获取数据在产生、处理及决策过程中所涉信息的能力；后者则指算法可解释，即数据收集前，用户需考虑个人数据将作何种用途，数据收集后，第三方需考虑数据来源的真实性，决策阶段，要重点关注决策过程的可解释性。数据透明作为一种全局的防御机制，当大规模数据泄露不断出现时，隐私保护已不再现实，就可以使用数据透明来保证数据的合理运用，这是解决人工智能时代隐私、效率和公平的关键。

3.3 数据治理的法律法规

围绕数据这一要素，针对数据隐私和数据治理问题，国际组织和国家相关部门也从多方面出台了相应的法律法规和政策标准。本节首先对欧盟、美国和中国的法律法规现状进行对比，之后对我国最新颁布的《中华人民共和国数据安全法》与《中华人民共和国个人信息保护法》进行简析。

欧盟针对该问题采用了"综合立法"的模式，欧盟及其成员国统一对数据制定法律规范，规范国家机关和民事主体对数据的收集、处理、使用和共享。目前有以下几部典型的法案。

- 2018 年 5 月 25 日，欧盟颁布的《通用数据保护条例》（General Data Protection Regulation，GDPR）正式实施[3]，规定了用户在数据上的查阅权、被遗忘权等权利，以保护个人隐私，遏制数据滥用。该条例被称为当前最严格的用户数据保护条例。
- 2020 年 2 月 19 日，欧盟委员会发布《欧洲数据战略》报告[4]，旨在建立统一数据治理框架，加强数据基础设施投资，提升个体数据的权利与技能，打造欧洲公共数据空间，从而促进欧盟数据市场的发展。
- 2020 年 11 月 25 日，欧盟委员会发布《数据治理法案》提案[5]，旨在促进数据在欧盟境内的共享，增强公民和企业对数据掌控力度和信任程度的同时，为欧盟经济发展和社会治理提供支撑。
- 2020 年 12 月 15 日，欧盟委员会公布《数据服务法》提案（DSA 提案）[6]，旨在保护消费者及其在网络上的基本权利，建立在线服务的问责制度框架，并促进单一市场的创新、增长和竞争力。

美国不同于欧盟，它采取针对特殊领域"分散立法"的模式，主要依靠行业自律。"分散立法"是指以隐私权为基础，将信息保护分散在不同法律和司法案例当中，可辅助行业模式的实施。美国的立法主要针对政府机关涉及利用个人数据的领域，在数据的获取、发布等与数据隐私相关的内容上制定了一整套复杂且不断变化的法律法规和备忘录。与此同时，美国还通过分散立法，辅助行业模式的实施。典型地，2020 年 11 月 3 日，美国加利福尼亚州发布《加州隐私权法》[7]，并成立加州隐私保护机构来执行该法案，保护加州消费者的隐私权利。

我国对该问题亦高度关注。虽然在早期，我国保护个人信息的法律法规较少且比较分散，适用范围相对狭窄，没有形成完整的法律保护体系。但随着大数据的快速发展，以及国际经贸环境和法治社会的建设等因素的影响，我国对保护个人隐私的法律法规日趋重视，有关数据隐私与数据治理的各项相关法律法规的规划与制定也在紧锣密鼓地进行。

- 2017 年 6 月 1 日，我国施行《中华人民共和国网络安全法》[8] 以保障网络安全，维护网络空间主权和国家安全、社会公共利益，保护公民、法人和其他组织的合法权益，以促进经济社会信息化健康发展。
- 2019 年 5 月 28 日，中华人民共和国国家互联网信息办公室发布《数据安全管理办法（征求意见稿）》[9]，从数据收集、处理使用、安全监管几个方面进行讨论。
- 2020 年 4 月，中共中央、国务院发布了《中共中央 国务院关于构建更加完善的要素市场化配置体制机制的意见》，其中，明确提出要将数据作为与土地、资本、劳动力和技术并列的生产要素，构建培养数据要素市场。

- 2021 年 6 月 10 日，《中华人民共和国数据安全法》[10] 正式通过，并于同年 9 月 1 日起施行，这是奠定国家安全领域的重要法律之一，力图从立法与国家监管的角度保障数据安全，为数据在全社会中的安全流通与使用加以指示与规范。
- 2021 年 8 月 20 日，《中华人民共和国个人信息保护法》[11] 正式发布，并于同年 11 月 1 日起施行，该法对个人信息保护专门立法，规范个人信息处理活动，保证个人信息的有序流通。

通过各国政策的对比，我们可以发现，欧盟采用统一立法，法律法规严格规范，易造成大数据产业发展相对缓慢；美国则依靠各行业分散立法和行业自律进行数据与隐私的治理；中国则将两者结合，行政法规、地方性法规相互配合进行治理，更加符合中国国情。

值得说明的是，《中华人民共和国网络安全法》《中华人民共和国数据安全法》和《中华人民共和国个人信息保护法》全面构筑了我国信息与数据安全的法律保障，是数据治理的关键部分。其中，2021 年颁布的《中华人民共和国数据安全法》和《中华人民共和国个人信息保护法》作为我国数据隐私与数据治理的基础性法案，更是受到了广泛的关注。这两部法案均重点关注数据流通与数据安全问题，但有着不同的侧重点。

《中华人民共和国数据安全法》关注宏观层面上的数据安全，强调数据本身的安全。在该法规中，将任何以电子或者非电子形式对信息的记录定义为数据，并将数据与信息的概念进行了区分。基于此，该法案力图对数据采集、存储、管理、加工、应用和流通等环节进行规范，从法律角度进行数据应用与数据交易的规范化，促进数据安全防御的常态化，明确各方参与主体在数据安全方面的责任，在保护数据安全的前提下强调数据流动与国际合作。但如何将隐私保护、数据确权、数据交易、数据垄断等立法的关键议题从法律文字落实到实际应用，仍需进一步思考与努力。

《中华人民共和国个人信息保护法》关注个人层面的信息安全，是个人信息保护领域的基本制度体系。该法案明确了个人信息、敏感个人信息、个人信息处理者、自动化决策、去标识化、匿名化等基本概念。特别的是，该法案在适用范围上，采取属地原则与属人原则，将适用范围扩展至域外。在处理原则上，该法案坚持 4 个重要原则。

- 合法、正当、必要、诚信原则：该方案规定处理个人信息时应当遵循合法、正当、必要和诚信原则，不得通过误导、欺诈、胁迫等方式处理个人信息，对当下 App 在用户不知情的情况下获取个人信息、大数据杀熟等行为进行法律约束。

- 目的明确和最小必要原则：该原则对数据的过度收集与滥用进行了约束，规定处理个人信息应当具有明确、合理的目的，并应当与处理目的直接相关，采取对个人权益影响最小的方式；同时，收集个人信息时，应当限于实现处理目的的最小范围，不得过度收集个人信息。
- 公开透明原则：处理个人信息应当遵循公开、透明原则，公开个人信息处理规则，明示处理的目的、方式和范围，对数据透明性做出要求。
- 质量及安全保障原则：处理个人信息应当保证个人信息的质量，避免因个人信息不准确、不完整对个人权益造成不利影响；个人信息处理者应当对其个人信息处理活动负责，并采取必要措施保障所处理的个人信息的安全。

基于这四项基本原则，该法案对个人信息处理进行了详细的规定，对个人信息跨境传输进行了明确约束，并规定了个人信息主体的相关权利、个人信息处理者的义务。

3.4 数据治理的实践

针对数据治理问题，在相关法案的基础上，各国也在积极对其落地模式进行探索，力图将数据治理从纸质的法案、论文中落到实处。当前典型的探索实践有如下几个方面。

- 安全多方计算的落地：2018 年 6 月，姚期智院士和徐葳教授的安全多方计算相关成果经转化，成立华控清交信息科技（北京）有限公司（简称华控清交）。该公司经多年发展，形成了完善的产品级隐私保护计算解决方案，将有效推动多方数据的融合与流通。
- 数据中介清算所的提出：2019 年 1 月，苹果公司 CEO 蒂姆·库克（Tim Cook）在美国《时代》杂志中发文，提出美国联邦贸易委员会应设立数据中介清算所，用户可以按需跟踪并删除个人信息，赋予用户处理个人数据的权益。
- 数据交易市场的设立：自 2015 年国家发布《促进大数据发展行动纲要》以来，全国多所数据交易平台涌现，其中既包括以数据包交易为主的政府类数据交易所，也包括以应用程序接口（Application Programming Interface，API）接口模式为主的民营平台。这些数据交易所将对数据的交易、使用和分配进行监管，并期待支持对数据的全面溯源。2021 年 9

月 30 日至 10 月 20 日，《上海市数据条例（草案）》公开征求意见，上海亦将按国家要求在浦东新区设立数据交易所，作为数据资产交易的平台。

- **数据信托基础设施的构建**：2020 年 2 月，欧盟倡议构建预算 700 万欧元的数据信托项目，建立欧盟内的个人和非个人信息池，帮助企业和政府重新利用数据，同时帮助公民获益。2021 年 8 月 29 日，我国"数据资产信托合作计划"在京发布，它借鉴了金融领域的信托概念，旨在通过解决数据主体与数据控制者之间的不平衡关系，实现数据流通与数据隐私的共赢。
- **市场化数据定价的提出**：2021 年 10 月 22 日，黄奇帆教授在 2021 年第三届外滩金融峰会上提出，数据收益由数据生成者和数据加工者共同创造，二者均享有分配权。以拜杜法案为例，采集并处理个人数据的互联网平台，应当将数据交易收益的 20%～30% 返还给数据的生产者，发挥市场在数据资源配置中的作用。

这些数据治理实践，一方面表明了社会各界对数据治理需求的迫切程度，大家都在积极从多角度探索解决方法；另一个方面也说明，数据治理不再是纸上空谈，正在逐步成为社会数据基础设施构建的关键组件。而我国虽在该问题上的起步晚于欧盟，但在实践上却能迎头赶上，走在世界前列！

3.5　小结

当前正是我国实施大数据战略，加快数字中国建设的关键阶段。数据治理已经成为国家治理和企业治理的重点领域和重要因素。随着各个领域数据的不断开放共享，数据治理对数据共享、数据监管和隐私保护等方面都提出了更高的要求。当下针对这些问题，我国已出台了诸多相关法案，并探索性地进行了多项实践，但其中仍存在诸多问题尚待解决。针对数据要素市场、数据公平、数据垄断和数据透明这几个关键性问题，我们将在本书的第四篇进行详细的介绍。这些问题的最终解决需要多学科、多领域和多部门共同的努力。

参考文献

［1］孟小峰，刘立新 . 区块链与数据治理［J］. 中国科学基金，2020，34（1）：12-17.

［2］孟小峰 . 人工智能浪潮中的计算社会科学［J］. 人民论坛·学术前沿，2019（20）：32-39.

［3］ VOIGT P，VON DEM BUSSCHE A. The EU general data protection regulation：A Practical Guide［M］. Cham：Springer International Publishing，2017.

［4］ 中国科学院网信工作网. 欧委会发布《欧洲数据战略》报告［EB/OL］.（2020-02-19）［2021-12-31］. http：//www. ecas. cas. cn/xxkw/kbcd/201115_128157/ml/xxhzlyzc/202003/t20200306_4554759. html.

［5］ 贸促会研究部. 欧盟通过《数据治理法案》［EB/OL］.（2021-12-08）［2022-01-07］. https：//www. ccpit. org/a/20211208/20211208vqyf. html.

［6］ WTO快讯. ITIF认为欧洲《数字市场法案》是一种预防性反垄断措施［EB/OL］.（2021-06-01）［2022-01-07］. http：//chinawto. mofcom. gov. cn/article/br/bs/202106/20210603067038. shtml.

［7］ 安全内参.《加州隐私权法（CPRA）》全文中文翻译［EB/OL］.［2021-02-22］. https：//www. secrss. com/articles/29390.

［8］ 新华社. 中华人民共和国网络安全法［EB/OL］.［2016-11-07］. http：//www. cac. gov. cn/2016-11/07/c_1119867116. html.

［9］ 中国网信网. 国家互联网信息办公室关于《数据安全管理办法（征求意见稿）》公开征求意见的通知［EB/OL］.（2021-11-14）［2022-01-07］. http：//www. gov. cn/hudong/2019-05/28/content_5395524. htm.

［10］ 中国人大网. 中华人民共和国数据安全法［EB/OL］.［2021-06-10］. http：//www. npc. gov. cn/npc/c30834/202106/7c9af12f51334a73b56d7938f99a788a. html.

［11］ 中国人大网. 中华人民共和国个人信息保护法［EB/OL］.［2021-8-20］. http：//www. npc. gov. cn/npc/c30834/202108/a8c4e3672c74491a80b53a172bb753fe. shtml.

第二篇

大数据隐私保护技术

在大数据时代，用户数据主要面临大规模数据收集、大规模数据监视和大规模数据操纵三类挑战。大规模数据收集是指大规模用户数据通过生活中无处不在的摄像头、移动设备、智能穿戴设备等，通过主动、被动和自动的方式被广泛收集。大规模数据监视指数据收集者通过源源不断的数据收集，进行精准的用户画像，从而进行精准营销等活动，进行规模大数据监视。大规模数据操纵则在上述基础上对数据进行关联与操纵，进而进行合法的数据服务，也可能进行非法的数据滥用、数据交易。这三个问题在生活中无时、无处不存在，严重威胁着用户个人隐私。

为应对该挑战，当前可行的方法是采用差分隐私的技术，从数据源头对数据进行主动式的隐私保护。为此，本篇对大数据隐私保护的主要技术——差分隐私进行介绍。首先介绍基础的差分隐私知识，及该技术在数据发布和数据分析上的典型应用；其次介绍本地化差分隐私技术，该技术相比基础的差分隐私框架去除了对可信第三方的依赖，用户直接在本地对数据进行扰动之后提交数据；最后对当前差分隐私与密码学计算的结合进行介绍，试图将差分隐私计算高效和密码学技术可用性高的优点结合，以实现数据隐私、数据可用性和计算开销之间的平衡。

第 4 章

差分隐私方法

差分隐私是 Dwork 等人提出的一种具有严格的数学理论支撑的隐私定义，最早用以解决统计数据库在数据发布过程中的隐私泄露问题。满足差分隐私的算法，其输出结果的概率分布不会因增加、删除或修改数据集中的一条记录而产生明显的差异。这在一定程度上避免了攻击者通过捕捉输出差异进而推测个体记录的敏感属性值。在具体实现上，该算法通过在需要发布的数据上添加满足差分隐私定义的噪声来实现。

本章将首先介绍差分隐私的基础知识，包括它的形式化定义、常用性质和扰动机制，并列举其应用场景。在读者对差分隐私有基本的了解后，本章将进一步对差分隐私下的数据发布与数据分析方法进行介绍，并对当前的进展进行总结。

4.1 基础知识

差分隐私，顾名思义用于防范差分攻击。在给出差分隐私的形式化定义之前，我们先举一个简单的例子来介绍差分隐私。假设小明所在的班级有一个数据库，记录着所有同学的等级评定，有 3 个人等级评定为"优"、其余人等级评定为"良"，在对数据库进行查询时，只能查询有多少人等级评定为"优"。小明刚开始查询的时候发现有 3 个人等级为"优"，现在小明把自己排除在查询范围内，发现依旧有 3 个人等级为"优"，据此可以确定小明的等级评定不是"优"。这时，小明如果是一个攻击者，他便通过这种方式获得了本不应该获得的知识，即从针对集体的查询中获得了某个个体的信息，这便是差分攻击。与之相对应的，差分隐私的目的就是使攻击者的知识不会因为查询对象的差别而发生变化。

那么，在上面的例子中，到底怎样做才能实现差分隐私呢？答案是加入噪声。本来小明进行两次查询的结果，是确定的 3 和 3，加入噪声后，原本确定的数字变成了两个随机变量，具有了概率分布。小明不在查询范围内的时候，得到的结果可能是 2、3、4；小明在查询范围内，得到的结果也可能是 2、3、4，即不再是一个定值。但是无论小明在不在查询范围内，两个查询得到同一个结果的概率都很接近，以至于我们无法分清这个结果到底是来自包含小明的数据还是来自没有包含小明的数据，从而使攻击者的知识不会因为小明在查询对象中的存在与否而发生变化。

这个简单的例子说明了差分隐私的做法，即对查询结果加噪，使攻击者无法确定某一样本是否在数据集中。接下来，我们将介绍差分隐私的形式化定义。

4.1.1　基本定义

差分隐私最早是在 2006 年由 Dwork 等人提出的。它是在数据发布时应用的隐私保护方法，要求攻击者无法根据发布的结果推测某一条结果属于哪一个数据集。为达到差分隐私的目的，最主要的方法是加入随机噪声，使数据发布的结果不会因为某个个体在数据集中的存在与否而产生明显的变化，并且对隐私泄露的程度给出可计算的度量方式。在定义差分隐私之前，首先要定义两个数据库之间的距离。

定义 4.1　数据库之间的距离. 将数据库 x 的 L_1 范数记作 $\| x \|_1$，$\| x \|_1$ 的定义如下：

$$\| x \|_1 = \sum_{i=1}^{|x|} \| x \|_i$$

则两个数据库之间的 L_1 距离便是 $\| x-y \|_1$。若将 $\| x \|_1$ 作为数据库 x 大小的度量，即 x 中一共包含几行记录，则 $\| x-y \|_1$ 便用于度量数据库 x 和 y 中有几行不同的记录，也就是数据库之间的距离。

有了数据库之间的距离定义后，我们便可以定义差分隐私了，它可以直观地保证随机加噪算法在相似输入数据库上的加噪效果也相似。

定义 4.2　差分隐私. 对于一个随机算法 $\mathcal{M}$，其值域为 $\mathrm{Range}(\mathcal{M})$，如果对 $\mathrm{Range}(\mathcal{M})$ 的任意子集 $\mathcal{S}$ 和 $\mathcal{M}$ 定义域上的一对相邻数据集 x 和 $y(\| x-y \|_1 \leqslant 1)$，有

$$\Pr[\,\mathcal{M}(x)\in\mathcal{S}\,]\leqslant\exp(\varepsilon)\Pr[\,\mathcal{M}(y)\in\mathcal{S}\,]+\delta$$

则称算法 $\mathcal{M}$ 满足 (ε,δ)-差分隐私。当 $\delta=0$ 时，我们说算法 $\mathcal{M}$ 满足 ε-差分隐私。

可以看到，当 ε 越小时，作用在一对相邻数据集上的差分隐私算法返回的结果便有越相似的概率分布，这也就意味着，攻击者越难区分这对相邻数据集，保护程度越高。反之，当 ε 越大时，保护程度就越低。一般情况下，我们也把 ε 叫作隐私预算。

我们也可以通过图 4.1 来理解差分隐私的概念。在图 4.1 中，$f(\cdot)$ 为一个正常的数据库查询函数返回结果，经过 $\mathcal{M}$ 的处理后，该返回结果不再是一个定值，而是会按照一定的概率分布来返回。参数 ε 控制着这对相邻数据集上概率分布的接近程度，当 ε 很小时，可以达到输出结果几乎一致的效果，从而使攻击者无法区分这一对相邻数据集，保护了数据集中的个体。

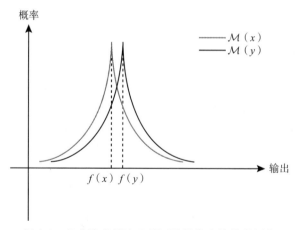

图 4.1　差分隐私算法在邻近数据集上的输出概率

在判断一个随机算法是否满足差分隐私时，我们常用其定义的分数形式 $\dfrac{\Pr[\,\mathcal{M}(x)\in\mathcal{S}\,]}{\Pr[\,\mathcal{M}(y)\in\mathcal{S}\,]}$ 来进行判断。

4.1.2　基础性质

差分隐私有 4 个重要的性质，即序列组合性、并行组合性[1]、后置处理性和中凸性[2]。

定理 4.1　序列组合性. 假设有 k 个随机算法满足 ε_1-差分隐私，ε_2-差分隐私，ε_3-差分隐私，$\cdots$，ε_k-差分隐私，则当这些随机算法同时作用于一个数据集时，组合而成的算法满足（$\sum\limits_{i=1}^{k}\varepsilon_i$）-差分隐私。

根据这一性质，几个随机算法同时作用于一个数据集时，它们的隐私预算是一个累加的效果，可以直观理解为，随机算法越多，则加噪后的数据集与原数据集的距离越大。

这一性质的证明如下。

对于由单个随机算法 M_i 的输出 r_i 所构成的结果序列 r，我们将输出结果 r 时对应的随机算法记作 M_i^r，则从序列 $M_i^r(x)$ 输出结果 r 的概率为：

$$\Pr[M(x)=r]=\prod_i\Pr[M_i^r(x)=r_i]$$

由于每个随机算法 M_i^r 均满足差分隐私的定义，故有

$$\prod_i\Pr[M_i^r(x)=r_i]\leqslant\prod_i\Pr[M_i^r(y)=r_i]\times\prod_i\exp(\varepsilon_i\times|x\oplus y|)$$

根据差分隐私的定义，可知 M_i 的组合算法满足（$\sum\limits_{i=1}^{k}\varepsilon_i$）-差分隐私。

定理 4.2 并行组合性．假设数据集 x 有 k 个不相交的子集，分别是 x_1，x_2，x_3，$\cdots$，x_k，现有 k 个隐私预算分别为 ε_1，ε_2，ε_3，$\cdots$，ε_k 的随机算法 M_1，M_2，M_3，$\cdots$，M_k，则 $M_1(x_1)$，$M_2(x_2)$，$M_3(x_3)$，$\cdots$，$M_k(x_k)$ 的结果满足 $\max\limits_{i\in[1,2,\cdots,k]}\varepsilon_i$-差分隐私。

根据这一性质，当查询应用于不相交的数据集子集、不同的数据集采用不同的差分隐私算法时，最终的隐私保护程度只取决于每个随机算法的最大隐私预算，而不是总和。

这一性质的证明如下。

对于数据集 A 和 B，记 $A_i=A\cap D_i$，$B_i=B\cap D_i$，同样对于由单个随机算法 M_i 的输出 r_i 所构成的结果序列 r，我们将输出结果 r 时对应的随机算法记作 M_i^r，则从序列 $M_i^r(A_i)$ 输出结果 r 的概率为：

$$\Pr[M(x)=r]=\prod_i\Pr[M_i^r(A_i)=r_i]$$

由于每个随机算法 M_i^r 满足差分隐私定义，故有

$$\prod_i\Pr[M_i^r(A_i)=r_i]$$

$$\leqslant\prod_i\Pr[M_i^r(B_i)=r_i]\times\prod_i\exp(\varepsilon\times|A_i\oplus B_i|)$$

$$\leqslant\prod_i\Pr[M_i^r(B_i)=r_i]\times\exp(\varepsilon\times|A\oplus B|)$$

由此可见这些随机算法的序列组合也满足差分隐私。

定理 4.3 后置处理性. 假设有一个满足某个隐私要求的隐私保护算法 $\mathcal{A}$，一个随机算法 M，随机算法的输入空间是 $\mathcal{A}$ 的输出空间，且其随机性与 $\mathcal{A}$ 中的数据和随机性无关。那么 $M^* = M(\mathcal{A}(\cdot))$ 也是一个满足隐私要求的隐私保护算法。

根据这一性质，只要后处理算法不直接使用敏感信息，后处理前的数据就能保持隐私，即若一个算法满足 ε-差分隐私，那么在该算法处理的结果上进行任何其他的处理，都不会减弱该隐私保护的程度。

这一算法的证明如下。

对于相邻数据集 x 和 y，记 R 为隐私保护算法 $\mathcal{A}$ 的输出空间，R' 为随机算法 M 的输出空间，则对于 $S \subseteq R'$，记 $T = \{r \in R : M(r) \in S\}$，则

$$\begin{aligned}
\Pr[M(\mathcal{A}(x)) \in S] &= \Pr[\mathcal{A}(x) \in T] \\
&\leqslant \exp(\varepsilon)\Pr[\mathcal{A}(y) \in T] \\
&= \exp(\varepsilon)\Pr[M(\mathcal{A}(y)) \in S]
\end{aligned}$$

由上式可知，$M^* = M(\mathcal{A}(\cdot))$ 满足差分隐私。

定理 4.4 中凸性. 假设 M_1 和 M_2 都满足 ε-差分隐私，那么对于任意的 $p \in [0, 1]$，记 M_p 是一个以概率 p 输出 M_1 的结果、以概率 $1-p$ 输出 M_2 的结果的随机算法，则 M_p 也满足 ε-差分隐私。

根据这一性质，若有两个隐私保护效果相同（隐私预算相同）的随机算法，只要随机算法和数据独立，我们可以选择其中任意一个算法来对数据进行保护。

4.1.3 常用扰动机制

差分隐私用于隐私保护时，需要处理的数据可以分为两大类——连续型数据和离散型数据。连续型数据往往是一个连续区间内的数值取值，如树的高度、房屋的宽度等；离散型数据则可以对数据进行一一列举，如彩虹的七种颜色、人的五根手指等。差分隐私的主要思想是对数据添加扰动，而对于不同类型的数据，扰动的类型也不相同。对连续型数据，常用的扰动机制是拉普拉斯机制。对离散型数据，常用的是指数机制。接下来将分别对这两种机制加以说明。

1. 拉普拉斯机制

在介绍拉普拉斯机制前，需要先介绍一下敏感度。差分隐私通过对数据添加扰动（加噪）来保护用户隐私，如果扰动过大，则会导致数据可用性太差影响数据使用，如果扰动过小，则可能会导致用户隐私被攻击者获取、保护能力下降。由此可见，扰动的大小是差分隐私中一个重要的量，敏感度便是用于控制扰动大小的参数。

定义 4.3 函数敏感度. 对于一个查询函数 $f(\cdot)$, 它作用于一对相邻数据集 x 和 x', 返回结果的最大变化范围, 便是该查询函数的函数敏感度。

$$\text{Sensitivity}(f) = \max_{x,x'} \| f(x) - f(x') \|_1$$

其中, $\| f(x) - f(x') \|_1$ 指的是 f 在 x 和 x' 上的查询结果的曼哈顿距离。需要注意的是, 函数敏感度只由查询函数本身决定, 与查询的数据集无关。

有了函数敏感度的定义后, 接下来介绍拉普拉斯机制。对于连续型数据的查询结果, 拉普拉斯机制在查询结果上加入一个满足分布 $\text{Lap}\left(0, \dfrac{\text{Sensitivity}(f)}{\varepsilon}\right)$ 的噪声, 来实现差分隐私。其中 $\text{Sensitivity}(f)$ 为查询函数敏感度, ε 为隐私预算。

定义 4.4 拉普拉斯机制. 以 x 表示被查询的数据库, $M(x)$ 表示最后的查询结果, $f(x)$ 表示原先查询函数返回的查询结果, Y 表示满足拉普拉斯分布的噪声, 即 $Y \sim \text{Lap}\left(0, \dfrac{\text{Sensitivity}(f)}{\varepsilon}\right)$, 则拉普拉斯机制可以表示为

$$M(x) = f(x) + Y$$

拉普拉斯机制满足 ε-差分隐私。

根据这一定义, 可以看到隐私预算越小、扰动越大, 则结果的可用性越小, 隐私保护程度越高。

下面将证明拉普拉斯机制满足 ε-差分隐私。

假设 x 和 y 为两个相邻数据集, 即 $\| x - y \|_1 \leqslant 1$, 而 f 表示未加噪的查询函数返回的结果, $M(x)$ 表示最后查询函数返回的结果, p_x 为 $M(x)$ 的概率密度函数, p_y 为 $M(y)$ 的概率密度函数。比较位于 f 值域中的任意一点 z, 有

$$
\begin{aligned}
\frac{p_x(z)}{p_y(z)} &= \prod_{i=1}^{k} \left(\frac{\exp\left(- \dfrac{\varepsilon |f(x)_i - z_i|}{\Delta f} \right)}{\exp\left(- \dfrac{\varepsilon |f(y)_i - z_i|}{\Delta f} \right)} \right) \\
&= \prod_{i=1}^{k} \exp\left(\frac{\varepsilon(|f(y)_i - z_i| - |f(x)_i - z_i|)}{\Delta f} \right) \\
&\leqslant \prod_{i=1}^{k} \exp\left(\frac{\varepsilon |f(x)_i - f(y)_i|}{\Delta f} \right) \\
&= \exp\left(\frac{\varepsilon \cdot \| f(x) - f(y) \|_1}{\Delta f} \right) \\
&\leqslant \exp(\varepsilon)
\end{aligned}
\tag{4.1}
$$

上式第一个不等式可根据三角不等式得出，最后一个不等式则根据函数敏感度定义和 $\| x-y \|_1 \leq 1$ 得出。对称地，我们有 $\dfrac{p_x(z)}{p_y(z)} \geq \exp(\varepsilon)$。证毕。

2. 指数机制

拉普拉斯机制是对数值结果加噪实现差分隐私，而对于离散型数据，我们便用到了指数机制。指数机制可以以一定的概率分布，输出离散数据中的元素。假设所有可能的输出构成的集合为 $\mathcal{R}=r_1,r_2,\cdots,r_n$，以可用性函数 u 来为每一个输出打分（u 也可以称作打分函数），以 x 为输入的数据集，r 为可能的输出，R 为实数集，则可用性函数 u 可定义为 $u(x×r) \to R$。u 返回的实数表示该项的分数，当 u 返回值越大时，该项的分数越高，被输出的概率也越大。可用性函数 u 的函数敏感度为

$$\Delta u = \max_{x,x'} \| u(x,r_i) - u(x',r_i) \|_1$$

定义 4.5　指数机制. 对于任一可用性函数 u，给定隐私预算 ε，若随机算法 $\mathcal{M}$ 以 $\mathcal{M}_E(x,u,\mathcal{R}) \sim \exp\left(\dfrac{\varepsilon u(x,r)}{2\Delta u}\right)$ 的概率输出结果 r，则 $\mathcal{M}$ 满足 ε-差分隐私。

需要注意的是，此处 $\exp\left(\dfrac{\varepsilon u(x,r)}{2\Delta u}\right)$ 表示的不是概率值，需要对所有可能的输出归一化后才能得到某一输出对应的概率。

下面将证明指数机制满足 ε-差分隐私。

假设 x 和 y 为两个相邻数据集，即 $\| x-y \|_1 \leq 1$，随机算法 $\mathcal{M}_E(x,u,\mathcal{R})$ 的定义如上所示，即以 $\exp\left(\dfrac{\varepsilon u(x,r)}{2\Delta u}\right)$ 的概率输出结果 r，则有

$$\frac{\Pr[\mathcal{M}_E(x,u,\mathcal{R})=r]}{\Pr[\mathcal{M}_E(y,u,\mathcal{R})=r]} = \frac{\left(\dfrac{\exp\left(\dfrac{\varepsilon u(x,r)}{2\Delta u}\right)}{\sum\limits_{r'\in R} \exp\left(\dfrac{\varepsilon u(x,r')}{2\Delta u}\right)}\right)}{\left(\dfrac{\exp\left(\dfrac{\varepsilon u(y,r)}{2\Delta u}\right)}{\sum\limits_{r'\in R} \exp\left(\dfrac{\varepsilon u(y,r')}{2\Delta u}\right)}\right)}$$

$$= \left(\frac{\exp\left(\dfrac{\varepsilon u(x,r)}{2\Delta u}\right)}{\exp\left(\dfrac{\varepsilon u(y,r)}{2\Delta u}\right)}\right) \cdot \left(\frac{\sum\limits_{r'\in R} \exp\left(\dfrac{\varepsilon u(y,r')}{2\Delta u}\right)}{\sum\limits_{r'\in R} \exp\left(\dfrac{\varepsilon u(x,r')}{2\Delta u}\right)}\right)$$

$$= \exp\left(\frac{\varepsilon(u(x,r') - u(y,r'))}{2\Delta u}\right) \cdot \left(\frac{\sum_{r' \in \mathcal{R}} \exp\left(\frac{\varepsilon u(y,r')}{2\Delta u}\right)}{\sum_{r' \in \mathcal{R}} \exp\left(\frac{\varepsilon u(x,r')}{2\Delta u}\right)}\right)$$

$$\leqslant \exp\left(\frac{\varepsilon}{2}\right) \cdot \exp\left(\frac{\varepsilon}{2}\right) \cdot \left(\frac{\sum_{r' \in \mathcal{R}} \exp\left(\frac{\varepsilon u(x,r')}{2\Delta u}\right)}{\sum_{r' \in \mathcal{R}} \exp\left(\frac{\varepsilon u(x,r')}{2\Delta u}\right)}\right)$$

$$= \exp(\varepsilon)$$

对称地，有 $\dfrac{\Pr[\mathcal{M}_E(x,u,\mathcal{R}) = r]}{\Pr[\mathcal{M}_E(y,u,\mathcal{R}) = r]} \geqslant \exp(-\varepsilon)$，证毕。

4.1.4 应用场景

前面介绍了差分隐私技术的概念和实现机制，本节，我们将以微软的差分隐私应用为例，说明差分隐私在现实生活中的作用。

微软将差分隐私使用在了地理位置数据上。他们提出了 PrivTree 系统，利用差分隐私来掩盖个人在其地理位置数据库中的位置。这一系统通过数学方式"模糊"特定个体的地理位置信息，同时又保持整个数据集的整体准确性。

PrivTree "模糊"每个人的地理位置信息的过程可以分为两个步骤，即"地图分区"和"位置扰动"。第一步，根据数据点的密度，将地图分为几个子区域。第二步，对每个子区域应用位置扰动。使用统计分析，个体将受到扰动方案的影响，被随机删除，添加或混洗以保证隐私，同时保持统计准确性。在对每个子区域应用位置扰动后，便可以使用新的地理位置数据库。

在给定原始数据和一些其他参数（如要使用的拉普拉斯噪声的大小、用于确定是否应该分区的阈值等）的情况下，PrivTree 系统可以实现差分隐私算法，并输出加噪后的数据。这一方法适用于几乎所有类型的位置数据。

差分隐私是一种具有坚实理论基础的隐私保护技术，可以解决许多过去传统密码学不适合解决或不能解决的问题，在实际生活中也有广泛的应用。本章接下来的部分，将具体说明差分隐私在数据发布和数据分析中的应用。

4.2 面向数据发布的隐私保护

基于差分隐私的数据发布方法，可以根据原始数据添加噪声和其他处理的先后顺序分为两类。第一类方法，先对原始数据添加噪声或先对原始数据的统计信息添加噪声，接下来对假造后的数据采用二次规划、凸规划等规划方法进行优化，最后发布的是经过优化后的结果。这类方法可称作"扰动优先方法"，它们往往需要消耗较大的隐私代价。第二类方法，先对原始数据进行转化或压缩，然后再对转化后的数据加噪，这类方法可称作"预处理优先方法"。预处理优先方法主要为了提高数据可用性，虽然有较高的查询精度，但是数据的转化或压缩可能会损坏原始数据的信息[3]。目前基于差分隐私的数据发布主要有两类，即直方图数据发布和划分发布，接下来将对这两类数据发布的方法进行详细阐述。

4.2.1 直方图数据发布

直方图是数值数据分布的精确图形表示（如图 4.2 所示），由一系列高度不等的纵向条纹或线段表示数据分布的情况，一般横轴表示数据类型，纵轴表示分布情况。在直方图中，一个数据集按照某个属性划分成若干个不相交的桶，每个桶用一个数字表示其统计特征，如满足该桶代表的属性的总共有多少数据项等。

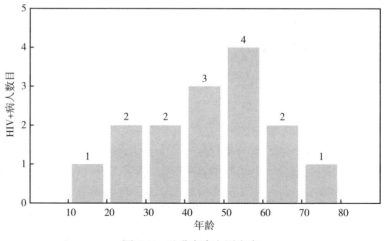

图 4.2　无噪声直方图发布

应用了差分隐私技术的直方图数据发布，可以按照扰动优先和预处理优先划分为两类。

扰动优先的直方图发布，通常做法是为每一个桶的统计计数添加噪声，从而扰动真实的技术结果。在扰动优先方法下，改变一条记录时函数敏感度 δf 通常为 1。由于连续的数据桶彼此之间是独立的，因此在原始数据集中改变某一条记录，至多会对直方图中 δf 个桶的计数结果产生影响。当隐私预算为 ε 时，每个桶的噪声大小为 $\mathrm{Lap}\left(\dfrac{\delta f}{\varepsilon}\right)$，也就是 $\mathrm{Lap}\left(\dfrac{1}{\varepsilon}\right)$。在这一部分，我们将介绍四种各有千秋的扰动优先的直方图发布方法：基于拉普拉斯噪声的数据发布方法[4]、Boost1[5]、NoiseFirst[6] 和 DPCube[7]。

基于拉普拉斯噪声的数据发布方法[4] 是早期扰动优先的直方图发布的代表性方法，该方法采用拉普拉斯机制，解决发布满足差分隐私的等宽直方图的问题。假设原始直方图具有 n 个等宽桶，即 $H = H_1, H_2, \cdots, H_n$，$\tilde{H}$ 为 LP 处理后的直方图，则

$$\tilde{H} = \tilde{H}_1, \tilde{H}_2, \cdots, \tilde{H}_n, \tilde{H}_i = H_i + \mathrm{Lap}\left(\frac{1}{\varepsilon}\right)$$

要说明该方法的缺点，我们先介绍长范围查询。长范围查询与单位长度查询是相对应的概念，单位长度查询指的是只查询直方图一个桶的大小，而长范围查询则指一次查询包含多个邻接的桶。基于拉普拉斯噪声的数据发布方法的缺点在于，在面对长范围查询时，由于一个查询中涉及多个邻接桶，多个桶的噪声会进行累加，结果产生较大的查询误差。根据前文加入拉普拉斯噪声后引起的方差，可知 $\tilde{H}$ 中的噪声方差为 $2n/\varepsilon^2$，即过大的 n 值会导致噪声产生的误差较大，降低 $\tilde{H}$ 的可用性。

为了解决噪声累积的问题，通过后置处理技术提高发布后等宽直方图的精度是一种改进的手段，此处介绍的第二种扰动优先的直方图发布的方法 Boost1[5] 便是基于后置处理的思想。

Boost1 考虑了利用最小二乘法以及一致性约束条件对 $\tilde{H}$ 进行约束和推理。假设优化处理后的直方图为 H^*，则 Boost1 把 $\min \| H^* - \tilde{H} \|_2$ 作为目标函数，在约束条件下求它的最小解或可行解。

求解最小解或可行解的问题被视为线性回归问题。未知数是每个单位区间的真实计数。每个查询结果 $\tilde{H}$ 都是未知数加上随机噪声的固定线性组合。找到 H^* 相当于找到一个单位区间的估计值，即最小二乘解。

虽然最小二乘解可以通过线性代数方法计算，但这个问题中，我们可以推导一个直观的封闭形式的解。

对于某个查询，$\tilde{h}$ 为实际响应该查询的直方图范围，是原本直方图 $\tilde{H}$ 的子集。$\tilde{h}$ 由一系列层次区间组成。将这些区间排列在树 T 中，每个节点 $v \in T$ 对应一个间隔，每个节点有 k 个子节点，对应 k 个相同大小的子区间。树的根是间隔 $[x_1, x_n]$，它被递归地划分为若干子区间，则到树的叶节点处，叶节点对应的区间为 $[x_1], [x_2], \cdots, [x_n]$，每个叶节点对应的区间长度为单位长度。为了方便说明，我们将树的高度 l 定义为从叶到根的路径上的节点数，而不是边的条数，则有 $l = \log_k n + 1$。为了将树转换为一个查询区间的序列，我们按照树的

宽度优先遍历所给出的顺序排列各子节点对应的区间。对于树上的节点 $v \in T$，用 $\bar{h}[v]$ 表示直方图中与 v 对应的区间。

首先，我们为每个节点 $v \in T$ 定义了一个可能不一致的估计，然后用 $z[v]$ 估计来表示与 $h^*[v]$ 一致的估计，它是从叶节点到根节点递归定义的。设 l 表示节点 v 的高度，$\mathrm{succ}(v)$ 表示 v 的子集。$z[v]$ 定义如下。

$$z[v] = \begin{cases} h^*[v]，若节点 v 为叶节点 \\ \dfrac{k^l - k^{l-1}}{k^l - 1} h^*[v] + \dfrac{k^{l-1} - 1}{k^l - 1} \sum_{u \in \mathrm{succ}(v)} z[u]，其他 \end{cases} \tag{4.2}$$

直觉上来说，$z[v]$ 是对于 v 计数的两个估计的加权平均；事实上，权重与估计的方差成反比。

对 $\bar{h}[v]$ 的一致估计从根节点到叶节点递归定义。在根节点处，$h^*[r]$ 便是 $z[r]$。沿着根节点向下走时，如果在某个节点 u，我们有 $h^*[u] \neq \sum_{w \in \mathrm{succ}(v)} z[w]$，那么我们会在后代之间平均划分 $h^*[u] - \sum_{w \in \mathrm{succ}(v)} z[w]$，以调整每个子节点的值。下面的定理表明，这便是最小的 L_2 解。

定理 4.5 给定加噪后的序列 $\bar{h} = \tilde{H}(I)$，以下递推关系给出了唯一的最小 L_2 解 h^*。记 u 为 v 的父节点：

$$h^* = \begin{cases} z[v]，\quad 若节点 v 为根节点 \\ z[v] + \dfrac{1}{k}\left(h^*[u] - \sum_{w \in \mathrm{succ}(u)} z[w]\right)，\quad 其他 \end{cases} \tag{4.3}$$

这一定理表明计算 H^* 的开销是最小的，只需要对树进行两次线性扫描：自下而上扫描来计算 z，然后自上而下扫描来计算给定 z 的解 h^*。

由于 H^* 是一致的，通过对单位区间计数求和很容易地计算范围查询。除了前后一致之外，它也更准确。这种方法的渐进误差为 $O(\log^3 n / \varepsilon^2)$，相比 LP 的渐进误差边界 $O(n / \varepsilon^2)$ 来说，Boost1 的误差更小，精度更高。由 $\min \| H^* - \tilde{H} \|_2$ 这一目标函数可知，Boost1 并不是一开始就减少每个桶的噪声，而是在得到 $\tilde{H}$ 的基础上进行了优化处理。需要注意的是，这种方法只适用于一维无归属直方图的发布，而且只适用于单位长度的范围查询。

第三种扰动优先的直方图发布的方法是 NoiseFirst[6]，它借鉴了 V-优化直方图技术。V-优化直方图主要是采用动态规划来合并邻接的桶，并最小化重构目标函数，其目标函数通常使用 SSE（Sum of Squared Error）或平方误差来进行度量。NoiseFirst 对 LP 处理后的直方图进行优化，发布 V-优化直方图，此时需要对 $\tilde{H}$ 进行重构，故该方法存在重构误差和噪声误差这两种误差，目标函数也由这两部分构成：

$$\min E\left(\mathrm{SSE}(\tilde{H}, H^*) + \frac{2n - 4k}{\varepsilon^2}\right)$$

NoiseFirst 支持较长范围的计数查询，其渐进误差边界为 $O(n-(k/\varepsilon^2))$，小于 LP 的误差边界，但是该方法只适用于一维的 V-优化直方图发布，且在确定 $\tilde{H}$ 桶的个数 k 时，仅是人工将 k 设置为 $n/10$，这样的 k 值并不能均衡噪声误差和重构误差。

第四种扰动优先的直方图发布的方法是 DPCube[7]，该方法以 Cell 为单位，对原始数据集进行分割，每个单位在计数时添加拉普拉斯噪声，再使用 kd-树结构对所有的单位进行优化，最后得到多维度的 V-优化直方图。这种方法可以处理多维直方图，但是查询精度不稳定，发布数据时的误差也比较大。

总结上面介绍的四种扰动优先的直方图发布方法，对于一维直方图，Boost1 和 NoiseFirst 精度高于 LP 和 DPCube，但是前两种方法仅适用于一维直方图，扩展性较差。DPCube 虽然支持多维直方图，但是该方法的误差较大，精度也较高，可见在多维直方图发布方面，仍有很多工作可以开展。

接下来，我们将介绍预处理优先的直方图发布方法。在预处理优先的直方图数据发布中，在为各个桶的计数结果加噪前，会先重组直方图的结构，再对重新组织后的直方图结构加噪。这样做不但可以在长范围技术查询时提供更加精确的结果，还能减少噪声带来的误差。对原直方图进行重组的方式，典型的有如下三种：通过聚类对直方图的桶重新进行划分，以 P-HPartition[8] 为代表；根据层次树的结构对直方图进行重组，以 Boost2[5] 为代表；通过傅里叶变换对直方图进行压缩，以傅里叶扰动算法[9] 为代表。我们将对这三种代表方法加以说明。

第一种名为 P-HPartition[8] 的方法，在直方图发布中采用了自适应的层次聚类，以找到最佳的合并桶个数。这种方法结合了贪婪二等分策略，对原始 n 个桶从上到下地进行分割，每次的二分分割点用指数机制确定。令 k 为最终分割后的桶数，则 k 个桶与 k 个聚簇相对应：$C_k = \{C_1^k, C_2^k, \cdots, C_k^k\}$。P-HPartition 的误差由噪声误差和重构误差组成。噪声误差为 $\dfrac{k}{\varepsilon}$，重构误差 ComErr_{C_k} 如下所示：

$$\mathrm{ComErr}_{C_k} = \sum_{i=1}^{n} \sum_{H_j \in C_i^k} |H_j - \overline{C_i^k}|, 1 \leq j \leq n$$

$$\overline{C_i^k} = \sum_{H_j \in C_i^k} \frac{H_j}{|C_i^k|}$$

其中，$\overline{C_i^k}$ 为聚簇 C_i^k 的平均值。P-HPartition 的综合误差为

$$\mathrm{Error}(C_k) = \frac{k}{\varepsilon} + \mathrm{ComErr}_{C_k}$$

第二种名为 Boost2[5] 的方法，基于 m-ary 树对直方图进行重组，m 为该树的扇出。n 为直方图桶的个数，则在 Boost2 中，m-ary 树的高度 $1 + \log_m n$ 决定了重组后直方图的敏感度，为实现隐私保护的目标，Boost2 在树中每个节点代表的数据上添加大小为 $\mathrm{Lap}\left(1 + \log_m \dfrac{n}{\varepsilon}\right)$ 的拉普拉斯噪声。此外，Boost2 采用最小二乘法和查询语义一致性相结合的后置处理计数，对 m-ary 树种的噪声计数进行约束，使对范围计数的查询响应更加精确。

第三种名为傅里叶扰动算法[9] 的方法，简称 FPA（Fourier Perturbation Algorithm），即采用基于有损压缩的离散傅里叶变换发布直方图。对于一个直方图 $H = H_1, \cdots, H_n$，该方法首先对 H 进行离散傅里叶变换，记变换后的直方图为 $F(H)$，然后从 $F(H)$ 中选择 k 个系数，记作 $F(H)^k$。对这 k 个系数添加拉普拉斯噪声，加噪后的系数记作 $F(\tilde{H})^k$。最后，在 $F(\tilde{H})^k$ 后补充 $n-k$ 个 0，再执行最初离散傅里叶变换的逆操作，得到最终处理完的数据 $\tilde{H}$。FPA 的误差也由噪声误差 $\left(\dfrac{2k^2}{\varepsilon^2}\right)$ 和重组误差（$\sum\limits_{i=k+1}^{n} |F_i|^2$）组成，其中，如何选择 k 是 FPA 中的关键，k 较大时，噪声误差增加，k 较小时，重组误差增加。

比较以上三种方法，Boost2 基于层次树变换，仅适用于一维等宽直方图，实际精度取决于桶的个数；P-HPartition 基于聚类变换，也仅适用于一维直方图，实际精度取决于均值聚类的效果；FPA 基于傅里叶变换，其实际精度则主要取决于 k 的选择。实际场景中，应根据具体情况选择不同的方法。

4.2.2 划分发布

基于差分隐私的划分发布方法通常为预处理优先，需要对数据划分的索引进行设计，根据索引的结构来发布有关隐私的数据。常用的索引结构有网格结构和树结构两种，故划分发布可分为基于树结构的划分和基于网格结构的划分。这两种划分都需要考虑是否在原有数据（Underlying Data）上划分，如果在原有数据上划分，则被认为是数据依赖的划分，其划分结构自身可能会泄露一定的数据信息；如果不在原有数据上划分，而是在查询空间上进行划分，则被认为是数据独立的划分。接下来，我们将从数据独立和数据依赖两个角度，介绍基于树结构和网格结构的划分。

1. 树结构的划分

基于树结构的划分中，数据独立的代表工作为 Quad-Post[10]。这种方法采用完全四分树来对二维的几何查询空间自顶向下进行划分。在对查询空间进行划分时，完全四分树的所有叶子-根路径长度相同，且所有中间节点的扇出相同。四分树自身的结构并不会泄露原有数据的隐私信息，故面对查询计数，只需对叶节点中的计数值添加拉普拉斯噪声。为了提高发布精度，Quad-Post 从合理分配隐私预算 ε、最大化查询精度两个角度进行优化。

在分配隐私预算时，Quad-Post 采用几何分配和均匀分配两种计数来分配隐私预算。在使用这两种分配策略时，Quad-Post 利用了差分隐私的顺序组合性和平行组合性。叶子-根路径上的预算分配利用了顺序组合性，每条路径上隐私预算总和为 ε。而在每一层上，节点相互独立，故预算分配又符合平行组合性。

在最大化查询精度时，Quad-Post 使用了最小二乘法的无偏估计，对加噪后的响应结果进行后置处理。

Quad-Post 在响应查询时，同时存在噪声误差和均匀假设误差。它的优点在于合理分配隐私预算，噪声误差小；缺点在于仅适用于二维数据，均匀假设误差较大。

基于树结构的划分中，数据独立的代表工作有 kd-standard[10]。正如其名所示，kd-standard 采用了 kd-树对原有数据空间进行划分。在对 kd-树进行发布时，根据数据空间的中位数确定分割线是划分时的关键问题。如果不用差分隐私对分割过程加以保护，则中位数可能会被泄露。对此，kd-standard 分别采用噪声均值机制和指数机制来确定中位数，两种机制中相对噪声误差较小的是指数机制，具体操作过程如下。

令 $C = x_1, x_2, \cdots, x_n$ 是区域 $[a, b]$ 中一个按照升序排列的集合，x_{mid} 为 C 的实际中位数。任意取一个数 $x(x \in [a, b])$，以 $\mathrm{rank}(x)$ 表示 x 在集合 C 中的排名，A 表示选择算法，则 x 被选择的概率为：

$$\mathrm{Pr}(A(C) = x) \propto \exp\left(-\frac{\varepsilon}{2}\left|\mathrm{rank}(x) - \mathrm{rank}(x_{mid})\right|\right) \tag{4.4}$$

根据上式，可以通过指数机制选出与 x_{mid} 最接近的数，从而保护 x_m 的隐私。

在 kd-standard 中，隐私预算也被分成两部分，分别用于确定中位数和为分割空间中的数据计数添加噪声。

和先前介绍的 Quad-Post 相比较，可以看到 Quad-Post 和 kd-standard 理论上都能够发布相应的索引结构，但它们也存在共同的不足：在从上向下分割数据空间时，如何确定分割停止的条件对分割效果影响巨大。若分割粒度过小，则会引入过多噪声；若分割粒度过大，则范围计数查询的响应精度会下降。

2. 网格结构的划分

网格结构的划分中，划分粒度的大小同样对噪声误差和均匀假设误差的均衡起到关键作用。接下来将介绍网格结构划分的两种代表方法：UG（Uniform Grid Method，均匀网格法）和 AG（Adaptive Grid Method，自适应网格法）。

UG[11] 将二维空间数据均匀地划分为 $n \times n$ 个等宽网格单元，结合划分的粒度 n 为每个网格添加拉普拉斯噪声。对于一个查询框 Q，以 N 表示数据集大小，r 表示 Q 的面积和 $n \times n$ 之间的比例，c_0 为一个常数，则对 Q 的响应产生的误差由两部分构成：

$$\mathrm{Error}(Q) = \frac{\sqrt{2r}\,n}{\varepsilon} + \frac{\sqrt{r}\,N}{nc_0}$$

其中，$\dfrac{\sqrt{2r}\,n}{\varepsilon}$ 为噪声误差，$\dfrac{\sqrt{r}\,N}{nc_0}$ 为均匀假设误差。为了使两种误差更加均衡，UG 将划分粒度设为 $n = \sqrt{\dfrac{N\varepsilon}{C}}$，其中 $C = \sqrt{2}\,c_0$。

UG 虽然较合理地设置划分粒度，但没有考虑数据分布的稀疏程度。如果某个网格中的数据过于稀疏，则噪声误差会增大；若过于密集，则划分不够彻底，会有较大的均匀假设误差。

由此，我们介绍第二种方法——AG[11]，它提出了一种自适应划分策略来避免网格单元过密或过疏的问题。以 $\alpha \times \varepsilon (0 < \alpha < 1)$ 大小的预算给出一个 $n_1 \times n_1$ 的粗粒度划分，对于每一个粗粒度的网格，以 $(1-\alpha)\varepsilon$ 的预算分割成 $n_2 \times n_2$ 个细粒度网格。这样一来，对于一个查询框 Q，以 NC 表示第一层划分中被穿过网格单元的噪声计数，则查询误差组成如下：

$$\mathrm{Error}(Q) = \frac{\sqrt{2}}{(1-\alpha)\varepsilon} \cdot \sqrt{\frac{(m_2)^2}{4}} + \frac{NC}{m_2 c_0}$$

该查询误差同样由噪声误差和均匀假设误差组成。为了均衡 Q 的查询误差，AG 方法通常取 $n_2 = \sqrt{NC(1-\alpha)\,\varepsilon / \sqrt{2}\,c_0 / 2}$。

比较 UG 和 AG 两种方法，两者都支持范围查询，均衡了噪声和均匀假设两种误差。UG 在划分时，没有考虑数据分布的密度，AG 在均衡误差时，没有采用启发式的方法。两者的实际精度均取决于划分粒度的选择。

4.3 面向数据分析的隐私保护

4.3.1 分类分析

分类是数据分析中的常见任务，即判断输入数据所属的类别。分类包括二类别问题和多类别问题，与回归问题相比，分类问题的输出不是连续值，而是离散值，用来指定该输入属于哪个类别。分类问题在现实中应用非常广泛，如在人脸识别、垃圾邮件识别中均有应用。分类中的常用方法是决策树（Decision Tree），树内的分支节点代表某个属性上的判断，叶节点代表最后分到的类别。在这里，我们将介绍 3 种基于差分隐私的决策树实现方法：SuLQ-based ID3、DiffP-C4.5 和 DiffGen。

上述 3 种方法在分类时的工作机制和 ID3 相似，均通过计算信息增益来选择分割属性、递归构造决策树。假设有数据集 D，D 中包含 k 个类 C_k。若对于属性 A，有 n 个不同的取值，则可以根据 A 的不同取值将 D 划分成 n 个子集 D_1，D_2，$\cdots$，D_n。令 D_{ik} 为子集 D_i 中属于类别 C_k 的数据集合，那么属性 A 对于数据集 D 的信息增益 InformationGain(D,A) 可以表示为

$$\text{InformationGain}(D,A) = E(D) - E(D \mid A)$$

上式中，$E(D)$ 为 D 的经验熵：

$$E(D) = -\sum_{k=1}^{K} \frac{|C_k|}{|D|} \log_2 \frac{|C_k|}{|D|}$$

$E(D \mid A)$ 表示属性 A 对数据集 D 的条件经验熵：

$$E(D \mid A) = -\sum_{i=1}^{n} \frac{|D_i|}{|D|} \sum_{k=1}^{K} \frac{|D_{ik}|}{|D_i|} \log_2 \frac{|D_{ik}|}{|D_i|}$$

第一种方法 SuLQ-based ID3[12] 基于交互式框架，为 $E(D)$ 和 $E(D \mid A)$ 计算过程中的各个计数如 $|D|$、$|D_i|$、$|C_k|$ 等添加拉普拉斯噪声，接着计算 $E(D \mid A)$。当数据集的属性个数比较多时，该方法需要将隐私预算 ε 分成几份来分别计算不同属性对于 D 的条件经验熵，因此累积了大量噪声，而且浪费了隐私预算。

第二种方法 DiffP-C4.5[13] 在挑选分割属性时，采用了指数机制。信息增益在指数机制中被当作属性 A 的打分函数，其值用于衡量被选中的概率值高低。这种方法不需要分割隐私预算，而是将全部预算用于选择最佳分割属性。而不

足之处在于，该方法应用对象是基于交互式查询接口建立的决策树，只适用于少量的分析查询，查询数量变多时，分类精度会有所降低。

第三种方法 DiffGen[14] 结合了指数机制和信息增益来确定要分割的属性，不同的是，它会借助分类树从上向下地把数据集中的所有记录划分到叶节点中，并不是交互式的分类，然后对每个叶节点中记录的计数值添加拉普拉斯噪声。它的分析精度高于前两种方法，但当分类属性数量非常多时，由于 DiffGen 给每一个分类属性都建立了一个分类树，故必须维护大量分类树，从而导致指数机制的选择方法效率下降，且可能耗尽隐私预算。

综合上述内容，如何为分类属性数量较多的数据集分类、如何考虑建立决策树时的隐私预算分配策略仍是未来研究者值得探索的问题。

4.3.2　频繁模式挖掘

频繁模式挖掘是数据分析中很常见的任务，频繁模式是指频繁地出现在数据集中的模式，如项集、子序列或子结构等，频繁模式挖掘便是找出这些多次出现的模式。频繁模式挖掘中，可能存在的隐私问题是挖掘出频繁模式本身会泄露一部分用户信息，而基于差分隐私的频繁模式挖掘的主要目的是保护模式频度不被泄露。这里将介绍两种基于差分隐私的频繁模式挖掘方法。

第一种方法名叫 TF（Top-K Frequent Pattern Discovery，Top-K 频繁模式挖掘）[15]，该方法可以分为两步实现：第一步，在所有长度大于等于 l 的频繁项集中，择取 k 个模式；第二步，为 k 个模式的频度加上拉普拉斯噪声。

假设 D 为事务数据库，其中含有 n 条事务，$|I|$ 为项集的大小，隐私预算 ε 被均分成两部分。TF 的第二步比第一步容易实现，只需要对每个频繁模式的频度添加 $\mathrm{Lap}(2k/n\varepsilon)$ 的噪声。而在第一步中，需要从候选集和 C 中选择 k 个模式，其中候选集合的规模 $|C| \approx |I|^l$。候选集合的规模通常较大，如果通过枚举来挑选 k 个频繁模式，则会产生极大的计算代价。TF 通过指数机制和截断频率（Truncated Frequency）从候选集合中挑选 k 个模式，对于任意一个模式 r，它的截断频率为 $f'(r) = \max(f(r), f_k - \gamma)$，其中 γ 为调节参数，而 f_k 则为候选集合中第 k 个频繁度最高的模式。由此可见，每次选择中，TF 以概率 $\mathrm{Pr}(r) \propto \exp(\varepsilon f'(r)/4k)$ 从 C 中选择一个频繁模式。

第二种方法名为 PrivBasis[16]。该方法结合了 θ-基和映射技术来对 Top-K 频繁模式进行挖掘。该方法可以总结为三步。第一步，在数据集 D 中找出所有频度不小于 θ 的频繁项 F，也就是把数据集 D 映射到集合 F 中。第二步，根据 F 构建所有的 θ-频繁项对 R，基于集合 F 和 R 构建 θ-基集合。第三步，建立包含所有 θ-频繁项集的候选集合 C，对候选集合中所有项的频度加噪。

PrivBasis 的关键步骤是构建 θ-基集合。在构建过程中，PrivBasis 采用了极大团（Maximal Clique）思想。把 F 作为节点，R 作为边，生成图 $\mathrm{Graph}(F,R)$，然后找出该图中的所有极大团，每个极大团可作为一个 θ-基。

比较上述两种方法，TF 在 k 值较大或 l 值较大时性能较差，PrivBasis 则性能较好，但是难以兼顾模式可用性和隐私保护，可能会有破坏原始 Top-K 模式特征、导致扰动后模式频度偏差变大的问题。此外，TF 和 PrivBasis 也没有考虑记录本身的长度，仍有较大改善空间。

4.3.3　回归分析

回归分析指基于数理统计规则对大量统计数据进行数学分析，确定因变量与一些自变量之间的相关性，建立具有良好相关性的回归方程或函数表达式，并基于该方程预测未来的因变量走势的方法。目前生活中常见的是线性回归和逻辑斯谛回归，前者是利用称为线性回归方程的最小平方函数对一个或多个自变量和因变量之间的关系进行建模的回归分析方法，后者是比较事件发生的概率大小来进行分类。

回归分析问题的形式化表示如下：训练数据集 $D = \{d_1, d_2, \cdots, d_n\}$，其中有 n 个元组，每个元组包含 $p+1$ 个属性 X_1，X_2，$\cdots$，X_p，Y，其中 $X_i \in R_p, Y \in 0, 1$（逻辑斯谛回归）或 $[-1, 1]$（线性回归）元组 $d_i = (x_i, y_i)$，其中 x_i 表示 $(x_1, x_2, \cdots, x_p)$ 向量。令 $\rho(x_i)$ 表示预测函数，权重向量为 w^*，则线性回归的预测函数为

$$\rho(x_i) = x_i^{\mathrm{T}} w^*$$

逻辑斯谛回归的预测函数为

$$\rho(y_i = 1 \mid x_i) = \exp(x_i^{\mathrm{T}} w^*) / (1 + \exp(x_i^{\mathrm{T}} w^*))$$

可见只要得到权重向量，即可对新的元组进行预测。令 $f(d_i, w)$ 表示目标函数，则权重向量 w^* 可以表示为

$$w^* = \underset{w}{\mathrm{argmin}} \sum_{i=1}^{n} f(d_i, w)$$

线性回归的目标函数为

$$f(d_i, w) = (y_i - x_i^{\mathrm{T}} w)^2$$

逻辑斯谛回归的目标函数为

$$f(d_i, w) = \log(1 + \exp(x_i^{\mathrm{T}} w)) - y_i x_i^{\mathrm{T}} w$$

回归分析问题通常可归结为以上的目标函数最优化问题。在回归分析中，直接发布权重向量 w^* 会导致预测函数和数据集中的信息泄露，故可利用差分隐私技术进行保护，接下来将介绍三种基于差分隐私的回归分析方法。

第一种方法名为 LPLog[17]，它将拉普拉斯机制应用于逻辑回归，从而保护权重向量 w^*。该方法在根据目标函数求出权重向量后，对权重向量添加拉普拉斯噪声，利用加噪后的权重向量来构造预测函数 $\rho(x_i)$。由于回归分析中，输入和输出有较大的关联性，因此计算权重向量时敏感度的代价很高，预测精度较低。

第二种方法名为 ObjectivePerb[18]，主要做法是直接对目标函数进行扰动。在该方法中，数据集 D 中 n 个元组的目标函数均值被添加了噪声：

$$\bar{f}_D(w) = \frac{1}{n}\sum_{i=1}^{n} f(d_i, w) + \frac{1}{n}\boldsymbol{b}^{\mathrm{T}}w$$

其中，$\boldsymbol{b}$ 为来自拉普拉斯噪声向量。此时，权重向量的计算方式如下：

$$w^* = \mathrm{argmin}\bar{f}_D(w) + \frac{1}{2}\Delta \parallel w \parallel^2$$

其中，Δ 为一个常数。需要注意的是，ObjectivePerb 在添加噪声时，噪声的大小由 w^* 的敏感度决定而非目标函数 $f_D(w)$ 的敏感度决定，因此该方法在计算敏感度时代价也很大。此外，该方法通用性较差，只适用于约束条件较强、凸函数特性的目标函数，不适用于标准逻辑斯谛回归。

第三种方法名为 FM（Functional Mechanism）机制[19]，可用于线性回归和逻辑斯谛回归。令 $f_D(w) = \sum f(t_i, w)$，在 FM 机制中，首先对 $f_D(w)$ 添加噪声，得到扰动后的目标函数 $\bar{f}_D(w)$，然后根据 $w^* = \mathrm{argmin}\bar{f}_D(w) + \frac{1}{2}\Delta \parallel w \parallel^2$ 求出权重向量。

FM 机制在加噪时，并非通过 w^* 的敏感度控制噪声，而是通过 $f_D(w)$ 控制噪声。假设 $w = (w_1, w_2, \cdots, w_p)$ 为一个权重向量，则先将目标函数 $f_D(w)$ 表示成多项式的形式：

$$f_D(w) = \sum_{d_i \in D} f(d_i, w) = \sum_{j=1}^{J}\sum_{\phi \in \Phi_j}\sum_{d_i \in D} \lambda_{\phi_i}\phi(w)$$

其中，$\lambda_{\phi_i} \in R$ 表示 $\phi(w)$ 的系数，Φ_j 表示 w_1，w_2，$\cdots$，w_p 所有乘积集合，$\phi(w) \in \Phi_j$。

类似地，给定 D 的相邻数据集 D'，D' 上的目标函数也可以表示成多项式的形式，然后求出 $f_D(\boldsymbol{w})$ 的敏感度：

$$\|f_D(\boldsymbol{w}) - f_{D'}(\boldsymbol{w})\|_1 \leqslant 2 \max_t \sum_{j=1}^{J} \sum_{\phi \in \Phi_j} \|\boldsymbol{\lambda}_{\phi_t}\|_1$$

FM 机制根据 $f_D(\boldsymbol{w})$ 的敏感度和隐私预算 ε，为多项式每个系数 $\boldsymbol{\lambda}_{\phi_i}$ 添加拉普拉斯噪声，从而得到扰动后的目标函数和权重向量，绕过了直接对权重向量敏感度的计算。线性回归的目标函数展开式是多项式，与 FM 机制吻合。逻辑斯谛回归的目标函数并不能表示成多项式的形式，为此 FM 机制提出采用标准逻辑斯谛回归目标函数来近似多项式的表示方法：

$$\hat{f}_D(\boldsymbol{w}) = \sum_{i=1}^{\pi} \sum_{k=0}^{2} \frac{f^{(k)(0)}}{k!} (\boldsymbol{x}_i^{\mathrm{T}} \boldsymbol{w})^k - \left(\sum_{i=1}^{n} y_i \boldsymbol{x}_i^{\mathrm{T}} \right) \mathrm{w}$$

可以基于上式计算出 $\hat{f}_D(\boldsymbol{w})$ 的敏感度，继而推导出权重向量。

现在介绍了三种基于差分隐私的回归分析方法。第一种方法回归精度低，噪声误差大；第二种方法只适用于满足一定条件的目标函数；第三种方法虽然效率和性能更高，但是目前也只适用于线性表示的目标函数，具有一定的局限性。

4.4　小结

本章首先介绍了差分隐私的基础知识，如它的形式化定义、序列组合性、并行组合性、后置处理性、中凸性等常用性质，拉普拉斯机制、指数机制等常用的扰动机制等。然后对差分隐私下的数据发布与数据分析方法进行介绍，举例介绍其基本方法，并对当前的进展进行总结。具体而言，数据发布问题中主要介绍基于直方图数据发布和划分发布；数据分析问题中主要介绍分类、频繁模式挖掘和回归分析问题。目前，差分隐私还有很多具有挑战性的问题，如动态环境下的数据发布、分布式差分隐私保护等。作为当前隐私保护的重要方法，其进步和探索的空间依然广阔。

参考文献

[1] MCSHERRY F. Privacy integrated queries：an extensible platform for privacy-preserving data analysis [C]//Proceedings of the 2009 ACM SIGMOD International Conference on Management of Data. New York：ACM，2009：19-30.

[2] KIFER D，LIN B. Towards an axiomatization of statistical privacy and utility [C]//

Proceedings of the 29th ACM SIGMOD International Conference on Management of Data / Principles of Database Systems. New York：ACM，2010：147-158.

[3] 张啸剑，孟小峰. 面向数据发布和分析的差分隐私保护 [J]. 计算机学报，2014，37 (4)：927-949.

[4] DWORK C, MCSHERRY F, NISSIM K, et al. Calibrating noise to sensitivity in private data analysis [C]//Proceedings of the Third conference on Theory of Cryptography. Berlin：Springer, 2006：265-284.

[5] HAY M, VIBHOR R, GEROME M, et al. Boosting the accuracy of differentially private histograms through consistency [J]. Proceedings of the VLDB Endowment, 2010, 3 (1)：1021-1032.

[6] XU J, ZHANG Z, XIAO X, YANG Y, et al. Differentially private histogram publication [C]//Proceedings of the 2012 IEEE 28th International Conference on Data Engineering. New Jersey：IEEE, 2012：32-43.

[7] XIAO Y, XIONG L, FAN L, et al. DPCube：Differentially private histogram release through multidimensional partitioning [C]//Proceedings of the 2012 IEEE 28th International Conference on Data Engineering. New Jersey：IEEE, 2012：1305-1308.

[8] ACS G, CASTELLUCCIA C, CHEN R. Differentially private histogram publishing through lossy compression [C]// Proceedings of the 2012 IEEE 12th International Conference on Data Mining. New Jersey：IEEE, 2012：1-10.

[9] RASTOGI V, NATH S. Differentially private aggregation of distributed time-series with transformation and encryption [C]//Proceedings of the 2010 ACM SIGMOD International Conference on Management of Data. New York：ACM, 2010：735-746.

[10] CORMODE G, PROCOPIUC M, SHEN E, et al. Differentially private spatial decompositions [C]//Proceedings of the 28th International Conference on Data Engineering. New Jersey：IEEE, 2012：20-31.

[11] QARDAJI W, YANG W, LI N. Differentially private data release for data mining [C]// Proceedings of the 2013 IEEE 29th International Conference on Data Engineering. New Jersey：IEEE, 2013：757-768.

[12] BLUM A, DWORK C, MCSHERRY F, et al. Practical privacy：The SulQ framework [C]// Proceedings of the 24th ACM SIGMOD International Conference on Management of Data / Principles of Database Systems. New York：ACM, 2005：128-138.

[13] ARIK F, ASSAF S. Data mining with differential privacy [C]//Proceedings of the 16th ACM SIGKDD International Conference on Knowledge Discovery and Data Mining. New York：ACM, 2010：493-502.

[14] NOMAN M, CHEN R, BENJAMIN F, et al. Differentially private data release for data mining [C]//Proceedings of the 17th ACM SIGKDD International Conference on Knowledge Discovery and Data Mining. New York：ACM, 2011：493-501.

［15］ RAGHAV B, SRIVATSAN L. Discovering frequent patterns in sensitive data ［C］// Proceedings of the 16th ACM SIGKDD International Conference on Knowledge Discovery and Data Mining. New York: ACM, 2010: 503-512.

［16］ LI N, WAHBEH H, SU D, et al. PrivBasis: frequent itemset mining with differential privacy ［J］. Proceedings of the VLDB Endowment, 2012, 5 (11): 1340-1351.

［17］ SMITH A. Privacy-preserving statistical estimation with optimal convergence rates ［C］// Proceedings of the 43rd Annual ACM Symposium on Theory of Computing. New York: ACM, 2011: 813-822.

［18］ KAMALIKA C, CLAIRE M. Privacy-preserving logistic regression ［J/OL］. Advances in Neural Information Processing Systems, 2008, 21 ［2022-01-30］. https: //papers. nips. cc/ paper/2008/file/8065d07da4a77621450aa84fee5656d9-Paper. pdf.

［19］ ZHANG J, ZHANG Z, XIAO X, et al. Functional mechanism: regression analysis under differential privacy ［J］. Proceedings of the VLDB Endowment, 2012, 5 (11): 1364-1375.

第 5 章

本地化差分隐私方法

传统的差分隐私技术将原始数据集中到一个数据中心，然后发布满足差分隐私的相关统计信息，可以称作中心化差分隐私（centralized differential privacy）技术。中心化差分隐私对于敏感信息的保护始终基于一个前提假设：可信的第三方数据收集者，即保证第三方数据收集者不会窃取或泄露用户的敏感信息。然而，在实际应用中，很难找到这样一个完全可信的数据收集者。在不可信第三方数据收集者的场景下，本地化差分隐私（local differential privacy）技术应运而生，该技术进一步定义了用户本地数据的差分隐私，将数据的隐私化处理过程（即数据扰动过程）转移到用户本地端进行，使数据收集者从用户端获取的数据即是满足差分隐私定义的。由于该方法有着极弱的可信假设，因此可实施性较强，在谷歌、苹果和微软等公司中都有广泛的应用。

本章首先介绍本地化差分隐私技术的基础知识，包括它的定义、性质（主要分析与差分隐私性质的异同）和常用的扰动机制——随机响应机制。之后，本章对基于本地化差分隐私的简单数据集中的数据统计问题和复杂数据集中的数据收集与发布问题进行介绍。具体而言，简单数据集中的数据统计问题主要包括频率统计和均值统计，是其他本地化差分隐私基础设计的基础；复杂数据集中的数据收集与发布问题主要针对键值对数据、图数据和时序数据这三种常见的数据类型展开。最后，本章对上述内容及未来研究方向进行总结。

5.1　基础知识

随着大数据收集和分析技术的不断发展，大数据隐私是不可避免的一个问题，相应的隐私保护技术也相继被提出，包括数据加密技术、匿名化技术和差分隐私技术等。然而，面对大数据背景下的应用，这些技术均存在一定的限制，例如，匿名化技术过分依赖背景知识假设，属于在一定的攻击假设背景下才执行的隐私保护方法；数据加密技术会带来高昂的计算和通信代价，难以满足实际场景中的应用需求；虽然中心化差分隐私技术提供了强健和严格的隐私保护，但它始终基于可信数据收集者的前提假设，而该强假设在实际应用中难以实现。

鉴于此，在不可信第三方数据收集者的场景下，本地化差分隐私（Local Differential Privacy，LDP）技术[1] 应运而生，它在继承中心化差分隐私技术定量化定义隐私攻击的基础上，强化了对个人敏感信息的保护。具体来说，其将数据的隐私化处理过程转移到了用户端，使用户能够在本地处理和保护个人敏感信息。

本节概述本地化差分隐私保护的基本原理和架构，首先阐述本地化差分隐私的形式化定义，然后将其与传统中心化差分隐私进行对比，概括本地化差分隐私的基本性质，并介绍本地化差分隐私的常用扰动机制，最后总结当前本地化差分隐私的六大应用场景。

5.1.1　基本定义

本地化差分隐私保护模型充分考虑了数据采集过程中数据收集者窃取或泄露用户隐私的潜在风险。在该模型中，每个用户首先对数据进行隐私化处理，再将处理后的数据发送给数据收集者，数据收集者对采集到的数据进行统计，以得到有效的分析结果。上述过程中，数据收集者在对数据进行统计分析的同时，保证了个体的隐私信息不被泄露。本地化差分隐私的形式化定义如下。

定义 5.1　ε-本地化差分隐私. 给定 n 个用户对应的 n 条记录、隐私算法 $\mathcal{A}$ 及其定义域 Dom($\mathcal{A}$) 和值域 Ran($\mathcal{A}$)，若算法 $\mathcal{A}$ 在任意两条记录 t 和 $t'(t, t' \in$ Dom($\mathcal{A}$)) 上得到相同的输出结果 $t^*(t^* \subseteq$ Ran($\mathcal{A}$)) 满足下列不等式，则 $\mathcal{A}$ 满足 ε-本地化差分隐私。

$$\Pr[\mathcal{A}(t) = t^*] \leqslant \mathrm{e}^\varepsilon \times \Pr[\mathcal{A}(t') = t^*] \tag{5.1}$$

从定义 5.1 中可以看出，本地化差分隐私技术通过控制任意两条记录的输出结果的相似性，确保算法 $\mathcal{A}$ 满足 ε-本地化差分隐私。简言之，根据隐私算法

$\mathcal{A}$ 的某个输出结果，数据收集者几乎无法推理出其输入数据为哪一条记录。在中心化差分隐私保护技术中，算法 $\mathcal{A}$ 的隐私性通过近邻数据集来定义，即需要一个可信的第三方数据收集者。对于本地化差分隐私技术而言，每个用户能够独立地对个体数据进行处理，使隐私化处理过程从数据收集者端转移到用户端上，因此不再需要可信第三方的介入。

定义 5.1 从理论的角度保证了算法满足 ε-本地化差分隐私，而实现 ε-本地化差分隐私保护需要扰动机制的介入。

5.1.2　基础性质

本地化差分隐私保护技术是在中心化差分隐私保护技术的基础上提出来的，它继承了中心化差分隐私保护技术上的组合特性，同时对其进行了扩展，通过基于随机响应的扰动机制来抵御不可信的第三方数据收集者可能带来的隐私攻击。下面从两者的异同点和应用场景出发，对两种技术进行比较。

1. 组合特性

本地化差分隐私很好地继承了中心化差分隐私的序列组合性和并行组合性，序列组合性强调隐私预算 ε 可以在方法的不同步骤进行分配，而并行组合性则保证满足差分隐私的算法在其数据集的不相交子集上的隐私性。从定义来看，中心化差分隐私定义在近邻数据集上，本地化差分隐私则是定义在其中的两条记录上，而隐私保证的形式并未发生变化。

2. 不可信第三方

中心化差分隐私中一个重要的假设是存在可信的第三方数据收集者，每个用户将自己的真实数据记录发送给数据收集者，并假定其是可信的，不会泄露个人的敏感信息。而后，数据收集者利用满足需求的隐私算法对数据分析者的查询请求进行响应。本地化差分隐私中，第三方数据收集者是不可信的，因此，数据的隐私化处理过程从数据收集者端转移到了用户端。每个用户按照隐私算法对数据进行扰动，然后把数据上传给数据收集者，数据收集者接收数据分析者的查询请求，并进行响应。中心化与本地化差分隐私的数据处理框架如图 5.1 所示。

3. 数据扰动机制

在中心化差分隐私保护技术中，为保证所设计的算法满足 ε-差分隐私，需要噪声机制的介入，拉普拉斯机制[2] 和指数机制[3] 为常用的两种噪声机制，其中，拉普拉斯机制面向连续型数据的查询，而指数机制面向离散型数据的查询。上述两种噪声机制均与查询函数的全局敏感性[2] 密切相关，而全局敏感性则是定义在至多相差一条记录的近邻数据集之上，使得攻击者无法根据统计结果推测个体记录，即，将个体记录隐藏在统计结果之中。在本地化差分隐私中，每个用户将各自的数据进行扰动后，再上传至数据收集者处，而任意两个用户之间并不知晓对方的数据记录。目前，本地化差分隐私主要采用随机响应技术来确保隐私算法满足 ε-本地化差分隐私。此外，数据的本地扰动亦可沿用中心化差分隐私的扰动机制，使其满足本地化差分隐私保护。

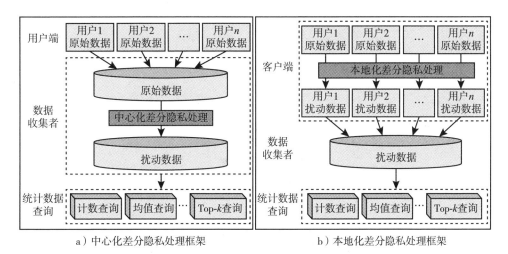

图 5.1　中心化与本地化差分隐私的数据处理框架

5.1.3　常用扰动机制

目前，随机响应（Randomized Response，RR）技术[4] 是本地化差分隐私保护技术的主流扰动机制。此外，传统中心化差分隐私常用的拉普拉斯机制[2] 在本地化场景的某些应用中也同样适用。本节主要对随机响应技术进行阐述。

Warner 于 1965 年提出利用随机响应技术进行隐私保护[4]，其主要思想是利用对敏感问题响应的不确定性对原始数据进行隐私保护，主要包括两个步骤：扰动和校正。

为了具体介绍随机响应技术，下面首先引入一个具体的问题场景。假设有 n 个用户，其中艾滋病患者的真实比例为 π，但我们并不知道。为了统计该比例，于是我们发起一个敏感的问题："你是否为艾滋病患者？"每个用户对此进行响应，第 i 个用户的答案 X_i 为是或否，但出于隐私性考虑，用户不会直接回答真实答案。假设借助一枚非均匀的硬币来给出答案，其正面向上的概率为 p，反面向上的概率为 $1-p$。抛出该硬币，若正面向上，则回答真实答案，若反面向上，则回答相反的答案。

扰动：利用上述扰动方法对 n 个用户的回答进行统计，可以得到艾滋病患者人数的统计值。假设统计结果中，回答"是"的人数为 n_1，则回答"否"的人数为 $n-n_1$。显然，按照上述统计，回答"是"和"否"的用户比例分别为：

$$\Pr[X_i = "是"] = \pi p + (1 - \pi)(1 - p) \tag{5.2}$$

$$\Pr[X_i = "否"] = (1 - \pi)p + \pi(1 - p) \tag{5.3}$$

显然，上述统计比例并非真实比例的无偏估计，因此需要对统计结果进行校正。

校正：构建以下似然函数：

$$L = \left[\pi p + (1 - \pi)(1 - p)\right]^{n_1}\left[(1 - \pi)p + \pi(1 - p)\right]^{n-n_1} \tag{5.4}$$

可以得到 π 的极大似然估计 $\hat{\pi}$：

$$\hat{\pi} = \frac{p - 1}{2p - 1} + \frac{n_1}{(2p - 1)n} \tag{5.5}$$

以下关于 $\hat{\pi}$ 的数学期望保证了 $\hat{\pi}$ 是真实分布 π 的无偏估计：

$$E(\hat{\pi}) = \frac{1}{2p - 1}\left[p - 1 + \frac{1}{n}\sum_{i=1}^{n} X_i\right]$$

$$= \frac{1}{2p - 1}\left[p - 1 + \pi p + (1 - \pi)(1 - p)\right] = \pi \tag{5.6}$$

由此可以得到校正后的艾滋病人数估计值 N：

$$N = \hat{\pi} \times n = \frac{p - 1}{2p - 1}n + \frac{n_1}{2p - 1} \tag{5.7}$$

其中，为保证其满足 ε-本地化差分隐私，根据定义，隐私预算 ε 设定为

$$\varepsilon = \ln\frac{p}{1 - p} \tag{5.8}$$

5.1.4 应用场景

目前，本地化差分隐私保护技术是一种强隐私保护技术，具有广泛的应用场景，并在大型 IT 公司得到了实际部署。本地化差分隐私技术继承自中心化差分隐私技术，同时扩展出了新的特性，使该技术具备两大特点：充分考虑攻击者的任意背景知识，并对隐私保护程度进行量化；本地化扰动数据，抵御来自不可信第三方数据收集者的隐私攻击。基于上述两个特点，本地化差分隐私技术的相关研究在学术界和工业界备受关注。下面介绍本地化差分隐私技术的六

大应用场景。

1. 频繁项统计

频繁项统计，顾名思义，是指在所有的候选项集合中找出最频繁的项。当候选集合比较小时，我们可以直接根据现有的频率统计方法估计每一个项的频率，然后找出频繁项。然而，当候选集合很大时（例如 2^{128} 个组合），直接统计每个项的频率将使计算代价过大。在本地化差分隐私下，除计算代价之外，还需要考虑通信代价，同时追求更优的误差边界。

2. 频繁项集挖掘

该问题场景下，每个用户都有一个项集，其长度不尽相同。例如，苹果公司要统计所有用户键入的表情，而每个用户都键入了表情集合中的一部分。本地化差分隐私下，频繁项集挖掘问题之所以富有挑战，主要是因为简单地对每个用户的数据进行编码和扰动将导致可用性很低，因为项集的组合数将随着项的个数呈指数增长。而直接采用频繁项统计的方法也不可行，这是因为，频繁项统计的方法一般只能得到全局的频繁项，而对于非频繁项集中的频繁项却是不可行的。

3. 列联表数据发布

列联表是观测数据按照属性分类时所列出的频数表，计数查询则是最常见的查询方式之一，列联表中每一个频数均对应限定条件下的一个计数查询。作为一种常用的数据分析工具，对列联表数据的发布是进行某些特定数据分析的前提。本地化差分隐私下，列联表数据发布的挑战主要在于列联表的高维组合要求引入很大的数据扰动，以满足 ε-本地化差分隐私。

4. 图数据分析

图数据分析是一种知识发现的重要手段。由于图数据中蕴含丰富的个人敏感信息，例如社交网络的节点和边的信息分别代表用户个人和用户之间的社交关系，因此在进行图数据分析的过程施加一定的隐私保护是必要的。

5. 时空数据查询

基于位置的服务已经成为人们日常生活中不可或缺的一部分，为避免隐私泄露，时空数据的收集需要考虑隐私保护。中心化差分隐私下，很多研究工作已经对这个问题做了深入的探索。本地化差分隐私下，该问题第一次由 Chen 等人[5] 提出，并考虑为每个用户提供不同的隐私保障，即针对每个用户的个性化隐私保护需求，设置不同的隐私预算。随着室内定位技术的不断发展，室内位置数据的收集同样受到关注。Kim 等人[6] 提出在室内定位系统中加入本地化差分隐私保护，支持室内特定位置的人群密度估计。

6. 数据挖掘和机器学习任务分析

中心化差分隐私下有很多研究工作对隐私保护下的数据挖掘和机器学习做了深入探讨，而基于本地化差分隐私的研究工作还比较少。本地化差分隐私下，该问题的研究挑战主要包括两个方面：一方面，数据挖掘任务和机器学习模型一般是数据驱动的，需要基于数据集合完成与数据的交互式查询，本地化差分隐私下将导致噪声的累积，从而使数据可用性降低；另一方面，由于摒弃了可信的数据中心，相比于中心化差分隐私，本地化差分隐私本身引入了更多的数据扰动和数据噪声，是一个更严格的隐私模型。

5.2　基于简单数据集的隐私保护

本节概述本地化差分隐私保护所支持的两种基本查询，即针对离散型数据的频率统计和针对连续型数据的均值统计。

5.2.1　频率统计

针对离散型数据，频率统计查询的应用场景如下：n 个用户拥有某离散型的敏感属性，用户 $u_i(1 \leqslant i \leqslant n)$ 在该属性上的取值为 $x_j \in X(1 \leqslant j \leqslant k)$，其中 $|X| = k$ 表示该属性的候选值个数。数据收集者需要统计该敏感属性的每种取值 $x_j(1 \leqslant j \leqslant k)$ 的频率，记为 f_j。

频率统计是本地化差分隐私研究的一个核心问题，是很多研究问题的基础。由于随机响应技术只能针对二值型的数据进行扰动，一种更为泛化的梯度表示形式 k-RR[7] 被提出，其形式化定义如下所示：

$$\Pr[M(v) = v'] = \begin{cases} \dfrac{e^{\varepsilon}}{k - 1 + e^{\varepsilon}}, & v = v' \\[3mm] \dfrac{1}{k - 1 + e^{\varepsilon}}, & v \neq v' \end{cases}$$

其中，v 和 v' 分别表示原始数据和扰动后的数据。对于变量中含有 $k(k \geqslant 2)$ 个候选值的情况，可以直接响应，即以 $e^{\varepsilon}/(k-1+e^{\varepsilon})$ 的概率响应真实的结果，以 $1/(k-1+e^{\varepsilon})$ 的概率响应其余 $k-1$ 个结果中的任意一种，使其满足 ε-本地化差分隐私。当 $k=2$ 时，k-RR 将退化为一般的随机响应，因此，k-RR 是一种更为泛化的定义形式。k-RR 方法的缺陷主要存在于，其估计误差总是随着候选值个数 k 的增长而变大，因此并不适用于 k 很大的情形。

随机聚合隐私保护有序响应（Randomized Aggregatable Privacy-Preserving

Ordinal Response，RAPPOR）方法[8] 是频率统计的另一个代表性方法，其中，变量的值以字符串的形式表示。它首先引入哈希函数并利用 Bloom Filter 技术[9] 将每个不同的字符串表示成一个长度为 h 的向量 $\boldsymbol{B} = \{0,1\}^h$，同时记录下字符串与该向量的映射关系矩阵，然后利用随机响应技术对向量 $\boldsymbol{B}$ 的每一个比特位进行扰动。每个用户得到扰动结果后，将其发送给第三方数据收集者，数据收集者统计每一位上 1 出现的次数并进行校正，然后结合映射矩阵，通过 Lasso 回归方法[10] 完成每个字符串对应的频率统计。该方法主要存在两个方面的不足：用户和数据收集者之间的传输代价比较高，即每个用户需要传输长度为 h 的向量给数据收集者；数据收集者需预先采集候选字符串列表，以进行频数统计。

针对 RAPPOR 方法第一个方面的不足，即通信代价高的问题，本章参考文献［11］提出 SHist 方法加以改进，在该方法中，用户对字符串进行编码后，随机选择其中的一个比特位，利用随机响应技术进行扰动后，将其发送给数据收集者，因此大大降低了通信代价。

此外，针对 RAPPOR 方法第二个方面的不足，即预先采集候选字符串列表的问题，Kairouz 等人[12] 基于变量取值未知的情形提出了 O-RAPPOR 方法。基于 k-RR 方法，Kairouz 等人针对变量取值未知的情形还提出了 O-RR 方法。

上述方法均考虑的是扰动输出为单个取值的情形，即对任意的输入变量，进行数据扰动后仅输出一个取值，我们称其为一对一扰动。考虑一对多的情形，如字符串的模糊匹配，对于指定的输入，输出结果为一个集合。此时，上述方法不再适用。基于此，k-Subset[13] 方法被提出。k-Subset 方法对扰动输出的定义是 k-RR 的一种泛化形式。k-Subset 方法将输出扩展为集合的形式，这是一种一对多的扰动方式。相较于 k-RR 的一对一扰动方式，k-Subset 有效降低了扰动过程中输入和输出之间的匹配误差，提高了数据的发布精度。

以上介绍了本地化差分隐私下的频率统计方法。表 5.1 对上述方法的主要优缺点、通信代价以及渐近误差边界和计算开销等进行了对比分析。其中，通信代价是指从每个用户处到数据收集方的数据传输的开销，这里我们近似认为通信代价与数据量成正比；渐近误差边界中，n 是指总用户数，k 是指属性候选值个数，h 表示 Bloom Filter 串的长度，c 表示 k-Subset 方法中输出集合的大小；计算开销是指数据收集者对用户数据进行统计时的计算代价，分为高、中、低 3 个级别。

5.2.2 均值统计

针对连续型数据，均值统计查询的应用场景如下：n 个用户具有某个连续型敏感属性，用户 $u_i(1 \leq i \leq n)$ 在该属性上的取值为 v_i，该敏感数据收集者需要

统计 n 个用户在该属性下的所有取值 v_i 的均值，记为 $m = \dfrac{1}{n}\sum\limits_{i=1}^{n} v_i$。

表 5.1 本地化差分隐私下的频率统计方法对比分析

方法名称	主要优点	主要缺点	通信代价	渐近误差边界	计算开销	已知候选值
RAPPOR	发布误差较小，数据可用性高	需考虑 Bloom Filter 参数的设置问题	$O(h)$	$O\left(\dfrac{k}{\varepsilon\sqrt{n}}\right)$	高；额外的回归计算	是
SHist	采样技术降低了通信代价	查询精度不稳定，计算开销与用户数正相关	$O(1)$	$O\left(\dfrac{\sqrt{k\log k}}{\varepsilon\sqrt{n}}\right)$	高；额外的编码与字符串匹配	是
k-RR	不需要编码和解码过程，简化数据扰动过程	隐私预算较低时数据可用性不高	$O(1)$	$O\left(\dfrac{\sqrt{k^3}}{\varepsilon\sqrt{n}}\right)$	低；仅涉及频率统计	是
O-RAPPOR	哈希技术隐藏了属性候选值列表	需考虑 Bloom Filter 参数的设置问题	$O(h)$	$O\left(\dfrac{k}{\varepsilon\sqrt{n}}\right)$	高；额外的回归计算	否
O-RR	哈希技术隐藏了属性候选值列表	隐私预算较低时数据可用性不高	$O(1)$	$O\left(\dfrac{\sqrt{k^3}}{\varepsilon\sqrt{n}}\right)$	低；仅涉及频率统计	否
k-Subset	同时适应于列联表等统计查询	统计单值频率带来额外误差	$O(1)$	$O\left(\dfrac{k}{\varepsilon\sqrt{n}}\right)$	中；需根据集合频率计算元素频率	是

本地化差分隐私下的均值统计，其主要思想是对个体值添加正向或负向的噪声，最终通过聚合大量的扰动结果以抵消其中的正负向噪声，从而使统计结果满足一定的可用性要求。目前，本地化差分隐私保护下的均值发布主要包括两种扰动机制，即拉普拉斯机制和随机响应机制。前者通过向数值添加满足拉普拉斯分布的噪声，使结果满足 ε-本地化差分隐私；后者需要首先将数值型数据离散化，然后采用随机响应技术进行扰动，使扰动结果满足 ε-本地化差分隐私。

本地化差分隐私下基于随机响应技术的均值统计方法最早由 Duchi 等人[14]提出，我们称该方法为 MeanEst，其主要思想是将包含 n 个元组的 d 维数据集中的第 i 个元组 $t_i \in [-1,1]^d$ 按照一定的概率分布，并结合随机响应技术，转变成一个仅含二值变量的元组 $t_i^* \in \{-B, B\}^d$，同时保证最终的统计结果是一个无偏估计量。B 的计算仅与隐私预算 ε 和数据维度 d 有关，其值与数据维度 d 呈指数关系，当数据集的维度较高时，所需时间代价和空间代价都比较高。因此，该方法不适用于维度较高的情形。

在此基础上，本章参考文献［15］通过采样技术降低了数据的传输代价，进一步简化了 MeanEst 方法，我们称该方法为 Harmony。具体来说，对于第 i 个输入元组 $t_i \in [-1,1]^d$，其输出元组为 $t_i^* \in \left[-\dfrac{e^\varepsilon+1}{e^\varepsilon-1}d, 0, \dfrac{e^\varepsilon+1}{e^\varepsilon-1}d\right]^d$。Harmony 方法首先初始化元组 $t_i^* = \langle 0,0,\cdots,0 \rangle$，然后从 d 个数据维度中随机采样一个维度 j，设置其值为 $\dfrac{e^\varepsilon+1}{e^\varepsilon-1}d$ 或 $-\dfrac{e^\varepsilon+1}{e^\varepsilon-1}d$，采样规则如下：

$$P(t_i^*[A_j] = x) = \begin{cases} \dfrac{t_i[A_j] \cdot (e^\varepsilon - 1) + e^\varepsilon + 1}{2e^\varepsilon + 2}, & x = \dfrac{e^\varepsilon + 1}{e^\varepsilon - 1}d \\[3mm] \dfrac{e^\varepsilon + 1 - t_i[A_j] \cdot (e^\varepsilon - 1)}{2e^\varepsilon + 2}, & x = -\dfrac{e^\varepsilon + 1}{e^\varepsilon - 1}d \end{cases}$$

Harmony 方法输出的元组中仅一个维度上的变量有相应的取值，因此，Harmony 方法中的通信代价为 MeanEst 方法的 $1/d$，且两者具有相近的发布精度。

以上介绍了本地化差分隐私下的均值统计方法。表 5.2 对上述方法的主要优缺点、通信代价、渐近误差边界以及计算开销等进行了对比分析，其中假设每个用户上传一个长度为 d 数值型数据元组。

表 5.2　本地化差分隐私下的均值统计方法对比分析

方法名称	主要优点	主要缺点	通信代价	渐近误差边界	计算开销
Laplace	统计结果受用户数影响小	扰动结果可能超出数据边界	$O(d)$	$O\left(\dfrac{2}{(d\varepsilon)^2}\right)$	低；仅涉及添加噪声操作
MeanEst	扰动机制直观	时空复杂度高,仅适用于低维数据;个体数据偏离原始数据的程度大	$O(d)$	$O\left(\dfrac{\sqrt{d}\log d}{\varepsilon\sqrt{n}}\right)$	高;需要遍历变量的所有组合
Harmony	时间复杂度低,且发布误差小,数据可用性较高	个体数据偏离原始数据的程度大	$O(d)$	$O\left(\dfrac{\sqrt{d}\log d}{\varepsilon\sqrt{n}}\right)$	低;仅涉及均值计算

5.3　基于复杂数据集的隐私保护

针对简单数据类型的查询分析，例如针对离散型数据或集值数据的频率统计、针对数值型数据的均值统计等，本地化差分隐私技术在这些方向上已有大量研究。如今，大数据查询和分析技术不断发展，越来越多的研究和应用都是针对非结构化的复杂数据类型。为了提高本地化差分隐私技术在实际应用中的可用性和扩展性，还需要解决该技术的三个关键性问题：

- 扰动数据的同时保持数据关联性；
- 提高保护方法的通用性；
- 提高扰动数据的可用性。

针对上述三个问题，本节以键值对数据、图数据和时序数据为三个具体研究对象，介绍相应的隐私保护机制。

5.3.1　键值对数据的收集与发布

在大数据分析中，键值对数据是一种重要的数据类型，以下两个例子说明了其应用场景。

- **广告视频投放效果分析**：广告投放者通过投放广告来吸引潜在的用户群体，为了评估广告的投放效果，他们通过收集用户浏览广告的相关数据并加以分析。浏览数据将以键值对的数据形式呈现，其中键表示某个特定的广告，而值则是某个用户对该广告视频的浏览时间。
- **移动 App 的用户数据分析**：手机开发商和第三方移动 App 通常会收集用户的 App 使用数据，以提高服务质量，例如，通过优化智能手机的系统资源（如电池和内存）管理来识别每日活跃用户（Daily Active User，DAU）等。用户的 App 使用数据以键值对的形式呈现，其中键表示某个特定的 App，值表示该 App 的屏幕使用时长。

上述两个场景中，数据收集者需要收集用户数据以完成数据分析。然而，该类型的数据收集和分析总是存在一定的隐私风险，例如泄露用户偏好、日常活动等个人敏感信息。基于本地化差分隐私的键值对数据保护，本章参考文献 [16] 首次提出了 PrivKV 方法。

1. 问题定义

本节主要介绍相关概念和问题定义。对于包含 d 个键的集合 $\mathcal{K}=\{1,2,\cdots,d\}$，我们假设每个键对应的值是连续型数据，属于区间 $[-1,1]$。对于包含 n 个用户的集合 $\mathcal{U}=\{u_1,u_2,\cdots,u_n\}$，每个用户都拥有多个键值对集合，记第 i 个用户拥有 l_i 个键值对，表示为 $S_i=\{<k_j,v_j>|1\leqslant j<l_i,k_i\in\mathcal{K},v_j\in[-1,1]\}$。

数据收集者需要从键值对数据中得到所有用户的统计结果。本章主要考虑两种统计数据：键集合 $\mathcal{K}$ 中的每个键的频率估计和每个键所对应的值的均值估计，其形式化表示如下。

1）频率估计：对于任意的键 k，其频率 f_k 表示 n 个用户中具有以 k 为键的键值对的用户比例，即

$$f_k = \frac{\left| \{ u_i \mid \exists \langle k, v \rangle \in S_i \} \right|}{n}$$

2）均值统计：对于任意的键 k，其均值 m_k 表示 n 个用户中具有以 k 为键的所有值的平均值，即

$$m_k = \frac{\sum_i \sum_{j:k_j=k} v_j}{n \cdot f_k}$$

2. PrivKV：键值对数据收集的基准方法

本节介绍基于本地化差分隐私的键值对数据扰动方法 PrivKV，该方法对键和值进行同步扰动，并保证其频率估计和均值估计的数据可用性。

（1）键值对的关联性扰动

由于频率和均值估计都基于某个键，一种直观的方法就是基于随机响应技术对用户的键集合进行扰动。因此，首先需要对每个用户的键值对集合进行编码。如图 5.2 所示，对于用户 u_i 的键值对集合 S_i，首先将其编码结果记为 S_i'，其中包括 d 个键值对，对于键集合 $\mathcal{K}$ 中的每一个键 k_j，如果用户 u_i 的键值对集合 S_i 中包含键值对<k_j, v_j>，则将 S_i' 中的第 j 个键值对置为<1, v_j>，否则将其置为<0, 0>。该编码方法保证每个用户的键值对集合在编码后具有相同的长度，编码后键值对的索引值即可表示键。在该种编码方式下，每个用户的所有键值对信息都被保留下来。

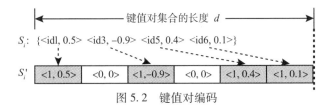

图 5.2　键值对编码

经过上述编码后，所有键都以 0/1 形式表示，因此可以直接采用随机响应技术[4] 对键进行扰动，使其满足本地化差分隐私。具体来说，对于每一个键 0/1，随机响应技术使其保持该值为 0/1 或将其翻转为 1/0。对于键值对中的每一个值，其扰动方式基于对应的键的扰动结果，具体包括以下四种情形。

- 1→1：扰动前后都存在的某个键值对，该情形下相应的值被保留下来，

即<1, v>→<1, v>。

- **1→0**：原本存在的某个键值对在扰动后消失，该情形下相应的值应该被置成 0，表示该值不存在，以避免泄露扰动前该键值对存在与否的信息，即<1, v>→<0, 0>。

- **0→0**：扰动前后某个键值对始终不存在，该情形下整个键值对保持不变，即<0, 0>→<0, 0>。

- **0→1**：原本不存在的某个键值对，扰动后新增加了，该情形下需要为其赋予一个新值。由于用户不知道真实值且没有背景知识，新赋予的值直接从值域的区间 [-1, 1] 中随机选取。

上述关联性扰动方法由于同时对键和值进行扰动，因此能够保证扰动过程中键值对的关联性不被破坏。然而，该扰动方式仍然存在隐私问题。因为数据收集者收到很多用户发送的扰动数据后，就能够以较高的置信度对真实值（第一种情形）和赋予的新值（第四种情形）进行区分，特别是当真实值的数据分布与赋予的新值所满足的在 [-1, 1] 区间内的均匀分布相差甚远时。此外，随机选择 [-1, 1] 区间的值进行赋值，由于这些随机值的均值为 0，也会影响真实均值的估计，使估计值偏离真实值。

（2）键值对的值的扰动

对于上述隐私问题，一种有效的扰动方式是，除了对键进行扰动外，对值也进行满足本地化差分隐私的扰动，包括真实值（第一种情形）和赋予的新值（第四种情形）。

基于 Harmony 算法，PrivKV 实现了其改进算法，我们称其为值扰动前置（Value Perturbation Primitive，VPP）算法。相比 Harmony 算法，VPP 主要有三个方面的改进。首先，对扰动结果的校正操作统一被集中到数据收集者端，且数据收集者只需对最终的均值统计进行一次校正即可，无须对每个用户的数据进行逐一校正，因此降低了用户端的计算开销。其次，Harmony 算法在校正操作中需要将扰动值放大 d 倍，用以抵消对用户键值对集合的采样操作带来的误差。然而，简单地对统计结果放大 d 倍还将带来额外的数据采样误差。为消除此类误差，在 VPP 算法中，数据收集者会精确计算每个键的采样次数，以及采样时该键确实存在的次数，用于统计最终的频率和均值。此外，由于偶然性的误差，Harmony 算法在数据的扰动和校正过程中还可能产生值域区间 [-1, 1] 以外的数据点。鉴于此，VPP 对校正操作额外添加了异常数据点的纠正步骤。具体来说，对于 N 个用户，键取值为 0 或 1 的计数结果必然介于区间 [0, N]，因此VPP 将小于 0 的计数纠正为 0，将大于 N 的计数纠正为 N。对校正结果的纠正步骤提高了统计结果的准确性，特别是当隐私预算比较小时，其改进效果更为明显。

（3）键值对的本地化扰动

结合键扰动和值扰动算法可以得到针对键值对的本地化扰动算法（Local Perturbation Protocol，LPP）。为了把通信代价从 $O(d)$ 降到 $O(1)$，LPP 采用了与 SHist[11] 类似的采样方法，即每个用户从 d 维中随机采样一个维度，记为 j。如果用户的键值对集合 S_i 中包含键值对 $<k_j, v_j>$，则首先对值 v_j 用 VPP 算法扰动成 v^*，然后基于随机响应技术对编码后的形式 $<1, v^*>$ 进行扰动，扰动过程将以 $\dfrac{e^{\varepsilon_1}}{1+e^{\varepsilon_1}}$ 的概率保持 $<1, v^*>$，以 $\dfrac{1}{1+e^{\varepsilon_1}}$ 的概率扰动为 $<0, 0>$。如果用户的键值对集合 S_i 中不包含键值对 $<k_j, v_j>$，则首先从区间 $[-1, 1]$ 中随机选取一个值 $\tilde{m}$，然后基于 VPP 算法将 $\tilde{m}$ 扰动为 v^*，随后基于随机响应技术对键值对 $<k_j, v_j>$ 编码后的形式 $<0, 0>$ 进行扰动，其中当键 0 被翻转为 1 时，将 v^* 作为新赋予的值。LPP 算法中，对值的扰动是基于键扰动的结果，因此能够保证键值对的关联性。

基于 LPP 算法，我们设计了整体的键值对数据保护方法 PrivKV，其中包括用户端的扰动和数据收集者端的校正。在用户端，每个用户基于 LPP 算法扰动其键值对集合，然后将经过采样并扰动后的结果发送给数据收集者。在数据收集者端，当收到所有用户的扰动数据后，数据收集者首先统计每个键的频率，得到频率估计结果。均值估计则比频率估计更复杂一些。数据收集者首先统计每个键所对应的值中的 1 和 -1 的计数，然后对该计数进行校正。由上述内容可知，值扰动算法 VPP 与 Harmony 相比，最大的改进在于数据收集者端对异常数据点的纠正操作，其中异常数据点是指计数值大于 N 或者小于 0 的结果，应将其相应地纠正为 N 或 0。

5.3.2　图数据的收集与发布

图数据作为一种非结构化数据，在社交网络、知识图谱等场景下有着广泛的应用。图数据分析通常需要计算某些特定的图数据指标，而该计算过程可能导致隐私泄露问题。为了保护用户的隐私，差分隐私技术通常有两种解决思路。第一种是模拟真实图的特征生成一个合成图用于估计任意的图数据指标，而得到该合成图的过程满足一定的隐私保护需求[17]。第二种是为每一种特定的图数据指标设计一个解决方案，用于估计该指标[18]。第一种思路提供一个通用的解决方案，可用于估计任意图指标，但其估计结果的数据可用性一般很低，主要是因为合成图中丢失了邻接链表的信息。第二种思路一般能提供较高的数据可用性，但其通用性很低，即该方法通常只适用于某种特定的图数据类型和图指标。

现有方法在通用性和数据可用性上总是不能尽如人意，难以在实际的图数据分析任务中得到广泛应用。针对该问题，本节介绍基于本地化差分隐私的通用图数据保护框架（Local Framework for Graph with Differentially Private Release，LF-GDPR）[19]，将本地化差分隐私保护技术应用于图数据分析中的图指标估计。

1. 问题定义

本节首先介绍图数据的相关表示，然后说明本地化差分隐私保护技术在图数据上的定义化形式。

（1）图数据的表示

图 G 可以定义为 $G=(V,E)$，其中 $V=\{1,2,\cdots,n\}$ 表示图节点的集合，n 表示节点的数量，$E\subseteq V\times V$ 表示边的集合。对于节点 i，d_i 表示其度数，$\boldsymbol{B}_i=\{b_1,b_2,\cdots,b_n\}$ 表示其邻接向量，其中如果节点 i 和节点 j 之间存在一条边，即 $(i,j)\in E$，那么 $b_j=1$，否则 $b_j=0$。图中所有节点的邻接向量共同构成图的邻接矩阵，即 $\boldsymbol{M}_{n\times n}=\{\boldsymbol{B}_1,\boldsymbol{B}_2,\cdots,\boldsymbol{B}_n\}$。

（2）针对图数据的本地化差分隐私保护

根据保护程度的不同，本地化差分隐私对图数据的保护包括节点本地化差分隐私（Node LDP）和边本地化差分隐私（Edge LDP），其中前者保证攻击者无法通过隐私算法的输出确定任意的某个节点是否存在于图中，后者保证攻击者无法通过隐私算法的输出确定任意的两个节点之间是否存在边。其形式化定义如下。

定义 5.2 ε-节点本地化差分隐私. 隐私算法 $\mathcal{A}$ 满足 ε-节点本地化差分隐私，当且仅当对于任意的两个邻接向量 $\boldsymbol{B}$ 和 $\boldsymbol{B}'$，以及算法 $\mathcal{A}$ 的任意输出 s，有以下不等式成立：

$$\frac{\Pr[\mathcal{A}(\boldsymbol{B})=s]}{\Pr[\mathcal{A}(\boldsymbol{B}')=s]}\leqslant e^{\varepsilon}$$

定义 5.3 ε-边本地化差分隐私. 隐私算法 $\mathcal{A}$ 满足 ε-边本地化差分隐私，当且仅当对于任意两个最多相差一个比特的邻接向量 $\boldsymbol{B}$ 和 $\boldsymbol{B}'$，以及算法 $\mathcal{A}$ 的任意输出 s，有以下不等式成立：

$$\frac{\Pr[\boldsymbol{M}(\boldsymbol{B})=s]}{\Pr[\boldsymbol{M}(\boldsymbol{B}')=s]}\leqslant e^{\varepsilon}$$

节点本地化差分隐私是一种更严格的隐私定义，随着节点数量的增多，其数据可用性很低。边本地化差分隐私则是对隐私限制进行了一定的放宽处理，从而使数据扰动结果的可用性得以提升。尽管如此，边本地化差分隐私对图数据中的边攻击已经能够起到很强的保护效果，足以应对很多实际场景并提供很高的数据可用性，例如社交网络[18]。与现有工作相同[17]，本章主要针对图的边攻击，即攻击者无法确定任意两个节点之间是否存在一条边。

2. 基于本地化差分隐私的通用图数据保护框架

基于本地化差分隐私的通用图数据保护框架（LF-GDPR）的实现流程如图 5.3 所示。

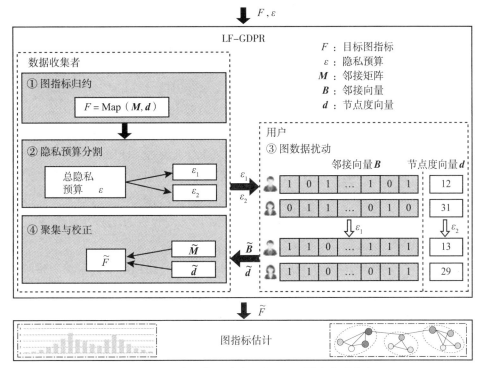

图 5.3　基于本地化差分隐私的通用图数据保护框架

首先，数据收集者给定图指标 F 以及隐私预算 ε，并将图指标 F 的表达式按照映射函数规约到邻接矩阵 M 和节点度向量 d，即 $F = \mathrm{Map}(M, d)$（步骤①）。然后，根据规约结果，LF-GDPR 根据最佳分配策略将隐私预算 ε 分割为两部分 ε_1 和 $\varepsilon_2(\varepsilon = \varepsilon_1 + \varepsilon_2)$，其中 ε_1 用于邻接向量的扰动，ε_2 用于节点度的扰动（步骤②）。接着，每个用户对邻接向量和节点度数进行扰动，使其分别满足 ε_1-本地化差分隐私和 ε_2-本地化差分隐私（步骤③）。根据本地化差分隐私的序列组合性可知，每个节点的扰动算法满足 ε-本地化差分隐私。该步骤的难度主要在于，不同节点之间的边连接和度数是相关联的。具体来说，对于邻接向量，显然第 i 个节点的邻接向量的第 j 个比特等于第 j 个节点的邻接向量的第 i 个比特；对于节点度数，第 i 个节点和第 j 个节点之间存在边与否同时影响到两个节点的度数。最后，数据收集者收到扰动的邻接向量和节点度数后，基于映射函数设计聚集算法计算得到图指标，并进一步对其进行校正得到图指标的估计值 $\tilde{F}$（步骤④）。该估计值 $\tilde{F}$ 可以用于下一步的图数据分析任务。

5.3.3　时序数据的收集与发布

时序数据有着非常广泛的应用场景，如医疗健康、路径追踪、物联网系统等。由于很多时序数据与个人行为直接相关，因此直接发布它们将导致个人隐私泄露问题。目前基于隐私保护的时序数据发布算法都是通过扰动值本身，而保持时序不变。

然而，在很多实际场景中，为了保证数据可用性，数值本身不能被扰动，而可以通过时序扰动来保证隐私性。下面以三个实际的例子来说明这一点。

例 5-1　（医疗健康监测）医疗健康监测系统十分常见，例如 Apple Watch、Fitbit 和 Omron Heart Guide 等，它们需要连续不断地收集用户的身体指标特征，例如心率、血压等，用于监测用户的健康状况。这些数据的准确性对于医疗诊断来说非常重要，因此不能通过数据扰动的方式来保护用户隐私。比起数值本身，由于健康数据的时序特征并非特别敏感，因此可以通过时序扰动的方式来隐藏某些导致心率或血压突然变化的事件。

例 5-2　（路径追踪）很多广告商通过移动应用来追踪用户的路径，从而推送相关广告，并提供一定的服务。为了准确分析用户的偏好（例如购物、娱乐和运动），用户轨迹数据的准确性十分重要，因此不能被扰动。比起数值本身，由于轨迹数据的时序特征并非特别敏感，因此可以通过时序扰动的方式来避免用户被实时追踪。

例 5-3　（物联网系统）许多物联网系统，如智能家居和智慧城市等，都会部署各种传感器，从温度、湿度、光线、声音、空气质量等方面对周围环境进行监测。传感器数据的准确性对于此类物联网系统的功能至关重要，因此它们不能被扰动。比起数值本身，由于传感器数据的时序并非特别敏感，因此可以设定一定的时间延迟以避免暴露用户的实时行踪和活动。

基于此，本节介绍时序扰动机制[20]，使时序数据的发布满足本地化差分隐私，即时序差分隐私（Differential Privacy in the temporal setting，TDP），用 ε-TDP 表示。TDP 保证了任意攻击者无法根据所发布的时序数据推断出任意一个时刻的原始值。

1. 问题定义

本节首先介绍时序差分隐私的定义，然后针对该定义，进一步定义每个值的时序扰动将带来的扰动代价。

（1）时序差分隐私

令 $S = \{S_{t_1}, S_{t_2}, \cdots, S_{t_n}, \cdots\}$ 表示定义在时间域 $T = \{t_1, t_2, \cdots, t_n, \cdots\}$ 上的一个时序数据，且该时序数据是无限长的。为了简化定义，这里假设 T 中的时间戳是等时长的，即 $t_2 - t_1 = \cdots = t_n - t_{n-1} = \cdots$，因此 S 的表示可以简化为 $S = \{S_1, S_2, \cdots, S_n, \cdots\}$。与中心化差分隐私的定义方式相同，这里首先给出近邻时序数据的概念。

定义 5.4 近邻时序数据.　两个时序数据 S 和 S' 是近邻时序数据，当且仅当存在两个时间戳 t_i 和 t_j 使以下三个条件成立：

①$|i - j| \leqslant k$；

②$S_i = S_j'$ 且 $S_j = S_i'$；

③对任意的时间戳 $t_l (l \neq i, l \neq j)$，总有 $S_l = S_l'$ 成立。

由于差分隐私是通过时序扰动来保证的，因此近邻数据的定义也是基于时序定义的，即两个时序数据可以通过交换两个时间戳对应的值而相互转换。此外，用于交换的两个值最多相距 k 个时间戳，其中 k 是一个系统参数，表示值的输出所能容忍的最大延迟。

定义 5.5 时序差分隐私（TDP）.　给定隐私预算 ε，隐私算法 $\mathcal{A}$ 满足 ε-时序差分隐私（ε-TDP），当且仅当对于任意两个近邻时序数据 S 和 S'，以及算法 $\mathcal{A}$ 的任意输出 R，有以下不等式成立：

$$\Pr(\mathcal{A}(S) = R) \leqslant e^{\varepsilon} \cdot \Pr(\mathcal{A}(S') = R)$$

与传统差分隐私的定义相同，时序差分隐私的保护程度由参数 ε 控制。对于时序数据的发布，隐私保护方法的目的是对真实的时序数据 $\{S_1, S_2, \cdots, S_n, \cdots\}$ 进行满足时序差分隐私的扰动，然后发布扰动后的时序数据 $\{R_1, R_2, \cdots, R_n, \cdots\}$。

（2）扰动代价的定义

给定原始的时序数据 $S = \{S_1, S_2, \cdots, S_n, \cdots\}$ 和扰动后的输出时序数据 $R = \{R_1, R_2, \cdots, R_n, \cdots\}$，以及滑动窗口大小 k，本节定义输出 R 的扰动代价，包括值的丢失、重复、空置和延迟，具体如下。

- 丢失代价（missing cost）C_M。当某个值 S_i 在从 R_i 开始的整个滑动窗口 $\{R_i, R_{i+1}, \cdots, R_{i+k-1}\}$ 中均未出现时，则表示值 S_i 丢失。每一个值的丢失代价为 M。

- 重复代价（repetition cost）C_N。当某个值 S_i 在从 R_i 开始的整个滑动窗口 $\{R_i, R_{i+1}, \cdots, R_{i+k-1}\}$ 中重复出现时需要考虑重复代价。每一个值的一次重复代价为 N。

- 空置代价（empty cost）C_E。当某个时刻 t_i 的输出值 R_i 为空时需要考虑空置代价，一个时刻的空置代价为 E。

- 延迟代价（delay cost）C_D。当某个值 S_i 被分派到 $t_j(j>i)$ 时刻输出时需要考虑延迟代价，每一个值被延迟一个时间戳的代价为 D。因此，值 S_i 被输出为 R_i 时，其延迟代价为 $D(j-i)$。为了避免重复计算代价，延迟代价与上述三种代价互斥，且优先考虑上述代价。例如，当某个值被重复输出时，则只考虑重复代价，而不再考虑延迟代价。

2. 阈值扰动机制

基于此，有三种时序扰动机制，通过扰动每个值的时序维度，以满足差分隐私保护。前两种机制分别叫作后向扰动机制（Backward Perturbation Mechanism，BPM）和前向扰动机制（Forward Perturbation Mechanism，FPM），其中后向扰动机制是指，每个待发布的值都是在过去的 k 个时间戳中随机选取得到，而前向扰动机制是指原始时序数据中的每一个值都被随机地分派到未来的 k 个时间戳中进行发布。由于这两种机制都存在值的丢失、重复和空置问题，我们进一步介绍第三种阈值机制，该阈值机制不仅解决了值的丢失、重复和空置问题，还缓解了值的延迟问题。

给定阈值 c_0，为了使每个值的可选空间稳定地维持在 c_0 之上，可以基于前向扰动机制设计如下"冲突避免"的约束条件：对于值 S_i 的分派，若当前可选空间的大小 $c>c_0$，那么 S_i 将随机分派给当前可选的任意时间戳；若 $c=c_0$，那么首先判断当前待输出的值 R_i 是否为空，若 R_i 为空，那么直接将 S_i 分派给 R_i，否则将 S_i 随机分派给当前可选空间中的任意一个时间戳。显然，上述约束条件保证了可选空间从 k 降到 c_0 后不会再进一步降低。

每次分派值 S_i 前，首先计算当前可选空间的大小 c，若 $c>c_0$，则随机分派给滑动窗口内的任意一个空的时间戳，若 $c=c_0$，且 R_i 为空，则分派给 R_i，否则在当前的滑动窗口内随机选一个空的时间戳进行分派。对于任意时间戳 t_i，算法分派完值 S_i 后即输出值 R_i，显然此时的 R_i 可能来自 $\{R_{i-k+1}, R_{i-k+2}, \cdots, R_i\}$ 中的任意一个。

为了使扰动机制满足 ε-时序差分隐私，需要保证在滑动窗口内的任意两个分派概率的比值小于 $e^{\varepsilon/2}$。

5.4 小结

本章首先阐述了本地化差分隐私的基本原理，分析了其与传统中心化差分隐私的异同点。然后针对本地化差分隐私在简单数据集中的应用，重点介绍了频率统计与均值统计两种基本查询；针对本地化差分隐私在复杂数据集中的应用，围绕数据关联性、方法通用性、数据可用性三方面挑战，着重介绍了键值对数据的收集与发布、图数据的收集与发布和时序数据的收集与发布三类问题。未来基于本地化与中心化差分隐私的混合模型研究、基于本地化差分隐私的交互式查询和分析研究以及基于本地化差分隐私的高维数据分析研究将成为可能的研究方向。

参考文献

［ 1 ］ DUCHI J C, JORDAN M I, WAINWRIGHT M J. Local privacy, data processing inequalities, and statistical minimax rates ［EB/OL］. (2013-02-13)［2022-08-01］. https：//arxiv. org/pdf/1302. 3203. pdf.

［ 2 ］ DWORK C, MCSHERRY F, NISSIM K, et al. Calibrating noise to sensitivity in private data analysis ［C］//Proceedings of Theory of cryptography conference. Berlin：Springer, 2006：265-284.

［ 3 ］ MCSHERRY F, TALWAR K. Mechanism design via differential privacy ［C］//Proceedings of 48th Annual IEEE Symposium on Foundations of Computer Science (FOCS'07). Piscataway, NJ：IEEE, 2007：94-103.

［ 4 ］ WARNER S L. Randomized response：a survey technique for eliminating evasive answer bias ［J］. Journal of the American Statistical Association, 1965, 60 (309)：63-69.

［ 5 ］ CHEN R, LI H, QIN A K, et al. Private spatial data aggregation in the local setting ［C］//Proceedings of IEEE 32nd International Conference on Data Engineering (ICDE). Piscataway, NJ：IEEE, 2016：289-300.

［ 6 ］ KIM J W, KIM D H, JANG B. Application of local differential privacy to collection of indoor positioning data ［J］. IEEE Access, 2018, 6：4276-4286.

［ 7 ］ KAIROUZ P, OH S, VISWANATH P. Extremal mechanisms for local differential privacy ［J］. The Journal of Machine Learning Research, 2016, 17 (1)：492-542.

［ 8 ］ ERLINGSSON Ú, PIHUR V, KOROLOVA A. RAPPOR：randomized aggregatable privacy-preserving ordinal response ［C］//Proceedings of the 2014 ACM SIGSAC Conference on Computer and Communications Security. New York：ACM, 2014：1054-1067.

［ 9 ］ BLOOM B H. Space/time trade-offs in hash coding with allowable errors ［J］. Communications of the ACM, 1970, 13 (7)：422-426.

［10］ TIBSHIRANI R. Regression shrinkage and selection via the Lasso ［J］. Journal of the Royal Statistical Society：Series B (Methodological), 1996, 58 (1)：267-288.

［11］ BASSILY R, SMITH A. Local, private, efficient protocols for succinct histograms ［C］//Proceedings of the forty-seventh Annual ACM Symposium on Theory of Computing. New York：

ACM, 2015: 127-135.

[12] KAIROUZ P, BONAWITZ K, RAMAGE D. Discrete distribution estimation under local privacy [C]//Proceedings of International Conference on Machine Learning. [S. l.]: PMLR, 2016: 2436-2444.

[13] WANG S, HUANG L, WANG P, et al. Mutual information optimally local private discrete distribution estimation [EB/OL]. (2016-07-27) [2022-08-01]. https://arxiv. org/pdf/1607. 08025. pdf.

[14] DUCHI J C, JORDAN M I, WAINWRIGHT M J. Privacy aware learning [J]. Journal of the ACM, 2014, 61 (6): 1-57.

[15] DUCHI J C, JORDAN M I, WAINWRIGHT M J. Minimax optimal procedures for locally private estimation [J]. Journal of the American Statistical Association, 2018, 113 (521): 182-201.

[16] YE Q, HU H, MENG X, et al. PrivKV: key-value data collection with local differential privacy [C]//Proceedings of IEEE Symposium on Security and Privacy. Piscataway, NJ: IEEE, 2019: 317-331.

[17] QIN Z, YU T, YANG Y, et al. Generating synthetic decentralized social graphs with local differential privacy [C]//Proceedings of the 2017 ACM SIGSAC Conference on Computer and Communications Security. New York: ACM, 2017: 425-438.

[18] KASIVISWANATHAN S P, NISSIM K, RASKHODNIKOVA S, et al. Analyzing graphs with node differential privacy [C]//Proceedings of Theory of Cryptography Conference. Berlin: Springer, 2013: 457-476.

[19] YE Q, HU H, AU M H, et al. LF-GDPR: a framework for estimating graph metrics with local differential privacy [J]. IEEE Transactions on Knowledge and Data Engineering, 2020, 34 (10): 4905-4920.

[20] YE Q, HU H, LI N, et al. Beyond value perturbation: local differential privacy in the temporal setting [C]//Proceedings of IEEE INFOCOM 2021-IEEE Conference on Computer Communications. Piscataway, NJ: IEEE, 2021: 1-10.

第 6 章

差分隐私与实用性

上述章节对中心化和本地化两类差分隐私的定义与方法进行了介绍。这两类方法的本质是对数据进行扰动，以保证计算结果满足差分隐私所量化的隐私性。但扰动势必会对数据的可用性带来影响，而本地化差分隐私方法对每个用户端的数据分别进行扰动，更是引入了过量的噪声，其数据可用性比仅对计算结果进行扰动的中心化差分隐私更差——下降为原来的 $1/O(\sqrt{n})$，其中 n 表示参与的用户数量。由此，本章将重点关注差分隐私类方法隐私性与可用性之间的平衡问题，探讨差分隐私的实用化。

可以从两个角度提升差分隐私的实用性。一是从差分隐私方法出发，将一些不扰动数值的随机化操作，如采样、混洗等，与现有的扰动方法结合，实现隐私放大，从而使我们在实现预期的隐私性时，可以对数据进行较小的扰动。二是与可以保证计算结果无可用性损失的密码学方法结合。由于密码学协议通常存在计算代价或通信代价高的问题，我们提出了 C4DP（Cryptography for Differential Privacy）和 DP4C（Differential Privacy for Cryptography）两个概念，C4DP 指用密码学方法改进差分隐私，以提高其计算结果的可用性；DP4C 指基于差分隐私改进密码学协议，以提高其性能；综合二者提高实用性。最后，本章将介绍一种当前正被广泛研究的实用化框架——编码-混洗-分析（Encode-Shuffle-Analyze，ESA）框架。该框架由谷歌的 Andrea Bittau 和 Úlfar Erlingsson 提出，同时利用了以上两类实用性提升的方法，实现了数据隐私性与可用性之间更好的平衡。

6.1 引言

当前应用广泛的差分隐私通常被视为"隐私"的"黄金标准",它通过对数据进行扰动的方式,保护数据及基于数据计算所获得的结果中存在的用户的个人隐私信息,即保护"结果的隐私"。但对原始数据的扭曲不可避免地会影响计算结果的准确性,因此平衡数据的隐私性与可用性是差分隐私方法研究中的核心问题。

回顾第4章和第5章所描述的中心化差分隐私和本地化差分隐私这两类典型的隐私保护框架,安全假设和加噪方式的不同导致它们在框架的隐私性和计算结果的可用性方面相差巨大。中心化差分隐私假设存在一个可信第三方,并将原始数据交由该第三方进行处理,通常情况下第三方会在基于该数据完成的计算结果上添加噪声。该方法既可用于较小的数据集,也可以用于处理海量大数据,添加的噪声量相对较小,结果在现实情况下可用性较高。但该方法的隐私性取决于可信第三方的前提假设,该条件在现实世界难以满足。本地化差分隐私则允许每个用户都在其本地添加噪声,不依赖任何第三方,但系统整体的累计加噪量过多,可用性较差。给定相同的隐私保护程度 ε,完成频率估计(即直方图估计)的任务,本地化差分隐私需引入相较中心化差分隐私 $O(\sqrt{n})$ 倍的噪声,从而导致数据可用性降低降至原来的 $1/O(\sqrt{n})$。

为了寻求更好的隐私性与可用性之间的平衡,我们希望可以找到一种方法,能够在不影响隐私性的前提下,尽可能减少对原始数值的直接扰动。此处,隐私性使用 ε 或 (ε, δ)-差分隐私来度量。在本章中,差分隐私指对隐私的定义,而不特指第4章和第5章所描述的基于扰动的差分隐私方法。兼顾隐私性与可用性的方法可分为以下两类。

- 第一类是在数值扰动的基础上进行一些随机化操作,如二次采样、匿名等,实现隐私放大。所谓"隐私放大"是指,我们通过上述操作,实现了更好的隐私保护效果,对应于更小的差分隐私参数 ε。而这些随机化操作,不对数值本身做出改变,可在保证较高隐私性的同时,兼顾数据的可用性。

- 第二类是将差分隐私与密码学相结合[1]。基于密码学的方法通过密文计算等方法保护数据的计算过程无隐私泄露,使数据查询者或使用者仅获取准确的计算结果,而对除计算结果以外的其他隐私信息和数据一无所知,即保护"过程的安全"。利用该性质,我们将密码学方法应用于差分隐私,通过提供一些安全无损的中间结果,在保证隐私性的前提下,提高结果的可用性。我们将该方法称为 C4DP 方法。然而，复杂的密文协议往往会带来计算代价或通信代价较大的问题，针对该问题，我们也可以将差分隐私的概念应用于密码学协议，我们将该方法称为 DP4C 方法。

本章将对这两类方法分别进行概述。同时，我们还介绍一种实用化的框架——ESA 框架。该框架通过引入一个半诚信的第三方，将基于密码学的安全混洗协议与扰动方法进行结合，通过分析其隐私放大理论，实现差分隐私定义。相较于当前的中心化差分隐私与本地化差分隐私方案，它兼顾了前者的高可用性与后者的高隐私性。同时。该框架易于部署，可直接在现有的本地化差分隐私框架的基础上部署实现，被谷歌和苹果等公司广泛关注，是本章所述内容的代表性解决方案。

6.2　隐私放大理论与方法

本节首先对第一类方法，即隐私放大（privacy amplification）方法及其理论进行介绍。隐私放大是在满足差分隐私的算法基础上，通过随机化操作使算法的隐私保护效果进一步增强的技术。特别注意的是，用于隐私放大的均匀随机采样、匿名等技术本身并不满足差分隐私。

典型地，本节对广泛应用的基于二次采样（subsampling）的隐私放大方法[2] 和基于混洗（shuffling）的隐私放大方法[3-5] 的理论与应用效果进行详细的介绍与分析。而后，对基于迭代（iteration）[6]、随机签到（random check-ins）[7] 等其他随机化方法的隐私放大方法进行介绍与总结。

为方便描述，这里假设存在满足 $(\varepsilon_0, \delta_0)$-差分隐私的算法 $\mathcal{M}$，经随机化操作后，其输出满足 $(\varepsilon_{pa}, \delta_{pa})$-差分隐私，其中 $\varepsilon_{pa} \leqslant \varepsilon_0$。

6.2.1　基于二次采样的隐私放大方法

二次采样是当前为止应用广泛且基础的一种隐私放大方法，常用于中心化差分隐私。该方法指在 n 项数据被随机化扰动之前，随机采样 m 项，而后在这 m 项数据上进行随机扰动，会得到放大的隐私保护效果。基于本章参考文献 [2]，本文给出定理 6.1 及相关证明。

定理 6.1　基于二次采样的隐私放大．给定数据集 $x \in \mathcal{X}^n$，$m \in \{0, 1, \cdots, n\}$，随机子集 $\bar{x} \in \mathcal{X}^m$ 由 x 随机选择 m 项记录作为子集得到。假设 $M: \mathcal{X}^m \to \mathcal{R}^m$ 是一个满足 (ε, δ)-差分隐私的随机化算法，令算法 $M'(x): \mathcal{X}^n \to \mathcal{R}^m$ 表示从数据集 x

中选择随机子集 x' 进行随机化扰动后输出，即 $M(\bar{x})$，则算法 $M'(x)$ 满足 $\left(\dfrac{(e^\varepsilon-1)m}{n}, \dfrac{\delta m}{n}\right)$-差分隐私。

证明 令 $T \subseteq \{1, \cdots, n\}$ 表示 m 长随机子集中记录的标识符。此时，算法 M' 的随机性包括变量 T 的随机性和算法 M 的随机性两部分。令 $x \simeq x'$ 表示相邻数据集，x_T（或 x'_T）表示包含 T 中所标识的记录的 x（或 x'）的子集，S 表示算法 M' 的任一输出。同时为便于表示，令 $p = m/n$ 表示均匀随机采样的概率。根据差分隐私的定义，要证明算法 $M'(x)$ 满足 $(p(e^\varepsilon-1), p\delta)$-差分隐私，则需证明：

$$\frac{\Pr[M'(x) \in S] - p\delta}{\Pr[M'(x') \in S]}$$

$$= \frac{p\Pr[M(x_T) \in S \mid i \in T] + (1-p)\Pr[M(x_T) \in S \mid i \notin T] - p\delta}{p\Pr[M(x'_T) \in S \mid i \in T] + (1-p)\Pr[M(x'_T) \in S \mid i \notin T]}$$

$$\leqslant e^{p(e^\varepsilon-1)}$$

为方便讨论不同记录被随机采样和随机扰动输出的情况，将这些概率简写为：

$$C = \Pr[M(x_T) \in S \mid i \in T]$$

$$C' = \Pr[M(x'_T) \in S \mid i \in T]$$

$$D = \Pr[M(x_T) \in S \mid i \notin T] = \Pr[M(x'_T) \in S \mid i \notin T]$$

因此，

$$\Pr[M'(x) \in S]$$
$$= pC + (1-p)D - p\delta$$
$$\leqslant p(e^\varepsilon \min\{C', D\} + \delta) + (1-p)D - p\delta$$
$$= p((e^\varepsilon-1)\min\{C', D\} + \min\{C', D\}) + (1-p)D$$
$$\leqslant p((e^\varepsilon-1)\min\{C', D\} + C') + (1-p)D$$
$$\leqslant p((e^\varepsilon-1)(pC' + (1-p)D) + C') + (1-p)D$$
$$= (p(e^\varepsilon-1)+1)(pC' + (1-p)D)$$
$$\leqslant e^{p(e^\varepsilon-1)}(pC' + (1-p)D)$$
$$= e^{p(e^\varepsilon-1)}\Pr[M'(x') \in S]$$

在上述公式中，由于算法 M 满足 (ε, δ)-差分隐私，则 $C \leqslant e^\varepsilon \min\{C', D\} + \delta$，第一个不等式成立。对于任意的 $0 < \alpha < 1$，$\min\{x, y\} \leqslant \alpha x + (1-\alpha)y$，第三个不等式成立。$x+1 \leqslant e^x$，第四个不等式成立。证毕。 □

6.2.2　基于混洗的隐私放大方法

基于混洗的隐私放大方法，又称基于匿名的隐私放大方法，可将本地化的差分隐私转化为中心化的差分隐私。该隐私放大方法实现的机理是，用户在本地端使用满足 ε_0 的本地化差分隐私算法对数据进行扰动，通过混洗器（shuffler）实现所有用户数据的完全匿名，使其满足中心化的 ε_{pa} 差分隐私。本节给出交互机制和非交互机制两种模式下通用的基于混洗的隐私放大定理，同时给出特定算法，即随机响应算法下的隐私放大定理。由于该定理的证明较为复杂，本节略过其证明，通过实验结果的分析说明其隐私放大的效果。

定理 6.2　基于混洗的通用交互机制下的隐私放大[3]. 给定 n 个用户，每个用户对应一条记录 x_i，且在本地运行随机化编码协议 R。对于任意的 $n > 1000$，$\delta \in (0, 1/100)$，如果协议 R 满足 ε_0-本地化差分隐私且 $\varepsilon_0 \in (0, 1/2)$，则协议 $S(R^n)$ 表示对随机扰动数据混洗后对应的 n 个输出满足 $(\varepsilon_{pa}, \delta)$-差分隐私，其中

$$\varepsilon_{pa} = 12\varepsilon_0\sqrt{\ln(1/\delta)/n} \tag{6.1}$$

定理 6.3　基于混洗的通用非交互机制下的隐私放大[5]. 给定 n 个用户，每个用户对应一条记录 x_i，且在本地运行随机化编码协议 R。对于任意的 $n \in N$，$\delta \in [0, 1]$，$\varepsilon_0 \in \left[0, \frac{1}{2}\log\left(\dfrac{n}{\ln\frac{1}{\delta}}\right)\right]$，如果协议 R 满足 ε_0-本地化差分隐私，则协议 $S(R^n)$ 表示对随机扰动数据混洗后对应的 n 个输出满足 $(\varepsilon_{pa}, \delta)$-差分隐私，其中

$$\varepsilon_{pa} = O\left((e^{\varepsilon_0} - 1)\sqrt{\ln(1/\delta)/n}\right) \tag{6.2}$$

根据上述隐私放大定理，设定 $\delta = 10^{-9}$，可得到如表 6.1 所示的隐私放大结果。令 n 表示参与计算的可信用户的数量，表 6.1 为根据式（6.1）计算 ε_0 经隐私放大后得到的 ε_{pa} 的取值；表 6.2 为根据式（6.2）计算 ε_{pa} 对应的被放大前的 ε_0 的取值。根据该表可直观发现，通过隐私放大，可轻易实现在用户本地端添加满足较大 ε_0 的噪声，而在分析器端获得较小的 ε_{pa} 差分隐私保证。同时，隐私放大的效果随着参与用户数量的增加而增大。值得注意的是，由于交互机制下的隐私放大限制了 $\varepsilon_0 \in (0, 1/2)$，此时对数据分析者（即数据收集者）而言，$\varepsilon_{pa}$ 的取值往往小于 0.2，甚至小于 0.01，现实情况下通常并不需要如此严格的差分隐私保证。由此，通用非交互机制下的隐私放大定理往往会有更多的应用，高效的交互机制下的隐私放大定理仍有待进一步探索。

表 6.1 基于混洗的通用交互机制下的隐私放大结果（ε_{pa}）

n	$\varepsilon_0 = 0.1$	$\varepsilon_0 = 0.2$	$\varepsilon_0 = 0.3$	$\varepsilon_0 = 0.4$
1e+4	0.0546	0.1092	0.1638	0.2185
1e+5	0.0172	0.0345	0.0518	0.0691
1e+6	0.0054	0.0109	0.0163	0.0218
1e+7	0.0017	0.0034	0.0051	0.0069
1e+8	0.0005	0.0010	0.0016	0.0021

表 6.2 基于混洗的通用非交互机制下的逆向隐私放大结果（ε_0）

n	$\varepsilon_{pa} = 0.1$	$\varepsilon_{pa} = 0.3$	$\varepsilon_{pa} = 0.5$	$\varepsilon_{pa} = 0.7$	$\varepsilon_{pa} = 0.9$
1e+4	1.16	2.03	2.48	2.80	3.03
1e+5	2.07	3.08	3.58	3.90	4.15
1e+6	3.13	4.20	4.71	5.04	5.29
1e+7	4.26	5.34	5.85	6.19	6.44
1e+8	5.40	6.49	7.00	7.34	7.59

为了获取更好的隐私放大的效果，研究者们针对具体的差分隐私机制提出了更精确的隐私放大定理，典型的，如 5.1.3 节所描述的随机响应技术。

定理 6.4 基于混洗的随机响应算法的隐私放大定理[4]. 给定 n 个用户，每个用户对应一条记录 $x_i \in \{0,1\}$，且在本地运行随机化编码协议 R。对于任意的 $n \in N, \delta \in [0,1], \lambda \in (14\ln(4/\delta)/n, 1]$，如果协议 R 以 λ 的概率均匀输出 $\{0, 1\}$ 中的值，$1-\lambda$ 的概率输出真实值，则协议 $S(R^n)$ 表示对随机扰动数据混洗后对应的 n 个输出满足 $(\varepsilon_{pa}, \delta)$-差分隐私，其中

$$\varepsilon_{pa} = \sqrt{\frac{32n\log\frac{4}{\delta}}{\lambda - \sqrt{2\lambda n\log\frac{2}{\delta}}}} \cdot \left(1 - \frac{\lambda - \sqrt{2\lambda n\log\frac{2}{\delta}}}{n^2}\right) \tag{6.3}$$

在该定理中，当 $\lambda = 2/(e^{\varepsilon_0}+1)$ 时，布尔随机响应机制满足 ε_0 本地化差分隐私。将该式代入式（6.3），通过简化，可得到如下宽松的隐私放大效果，即当 $0 < \varepsilon_0 \leq \log n - \log(14\log(4/\delta))$ 时，$\varepsilon_{pa} = \sqrt{64 \cdot e^{\varepsilon_0}\log(4/\delta)/n}$。基于该公式，本节给出在给定 n 和 ε_{pa} 的情况下，ε_0 的取值情况，如表 6.3 所示。其中，None 表示给定条件不满足上述定理，无法进行有效的隐私放大。通过该表可发现，针对特定算法进行隐私放大的效果明显好过通用的隐私放大定理。

表 6.3　基于混洗的随机响应算法下的隐私放大结果

n	$\varepsilon_{pa} = 0.1$	$\varepsilon_{pa} = 0.3$	$\varepsilon_{pa} = 0.5$	$\varepsilon_{pa} = 0.7$	$\varepsilon_{pa} = 0.9$
1e+4	None	None	0.57	1.24	1.74
1e+5	None	1.85	2.87	3.54	4.05
1e+6	1.96	4.15	5.17	5.85	6.35
1e+7	4.26	6.46	7.48	8.15	8.65
1e+8	6.56	8.76	9.78	10.45	10.96

6.2.3　其他隐私放大方法

除上述两个基础的隐私放大方法之外，基于迭代（iteration）[6]、随机签到（random check-ins）[7] 等隐私放大方法也被广泛应用。基于迭代的隐私放大方法通过压缩迭代的思想，避免发布迭代过程中的所有中间结果来增强隐私保护效果，适用于凸优化问题；基于随机签到的隐私放大方法突破了二次采样技术中要求对所有用户数据均匀采样的限制，将数据采样的过程下放至用户端，由用户选择是否参与某轮机器学习的训练，从而增强隐私效果，适用于联邦学习等分布式计算任务。

隐私放大方法的本质是在差分隐私算法的基础上添加随机化的数据处理步骤，从而增加结果的随机性，以提高隐私保护效果。值得说明的是，通常的隐私放大方法都是通过采样、混洗等不对或尽可能少对数据值本身进行扰动的随机化处理方法完成，这样在放大隐私保护程度的同时，可引入相比差分隐私方法更少的噪声，从而提高结果的可用性。隐私放大方法为差分隐私方法和其他随机性方法的融合与增强提供了方向与路径，同时也为隐私保护新方法的提出奠定了基础。

6.3　差分隐私与密码学方法的结合

本节对第二类方法，即差分隐私与密码学方法的结合进行介绍。首先，我们介绍 C4DP 的方法，即将密码学应用于差分隐私，以提高结果的可用性。然而，密码学协议本身的高计算与通信开销会对复杂分析任务的性能造成影响，不适用于大规模数据收集、分析、应用的场景。这督促我们对 DP4C 方法进行研究，该方法将差分隐私扰动的思想引入密码学协议中，以改善其计算代价与通信代价。

6.3.1　密码学方法改进差分隐私效用

面对当前差分隐私方法中隐私性和可用性难以权衡的问题，研究者们提出了用密码学来改进差分隐私的方法。我们将此类方法进行梳理，并归纳为

Cryptography for Differential Privacy 的方法，做如下定义。

定义 6.1 Cryptography for Differential Privacy（C4DP）. 引入密码学方法以改进差分隐私方法的隐私性和可用性，该方法最终的计算结果仍满足(ε,δ)-差分隐私保证。

值得注意的是，使用密码学方法改进差分隐私，并不能保证计算结果像密码学方法支持的安全协议一样完全无损，其最终结果仍需满足差分隐私保证。

要实现该目标，最直观地，我们可以借助安全的密文计算协议将中心化差分隐私方法中的可信第三方替换为不可信第三方，通常是半诚信第三方，并将该第三方的所有操作替换为密文操作，从而提高系统隐私性，达到上述目标。我们将这种方法概括为"密文计算改进差分隐私"。另外，我们还可以在本地化差分隐私方法的基础上引入安全混洗的操作，使用户本地扰动后的数据实现完全的匿名，从而通过分析混洗与差分隐私联合带来的隐私放大效果，提高最终计算结果的准确性。我们将这种方法概括为"安全混洗改进差分隐私"。

我们从宏观上将上述两种方法与基础的中心化和本地化差分隐私进行对比，如图 6.1 所示。按图中的排列顺序，从左至右，计算结果的可用性越来越高，所需的安全假设也越来越强。在保证结果满足同一 ε-差分隐私的情况下，密码学支持的差分隐私方法的数据隐私性与可用性，位于基础的两类差分隐私方法之间，说明其隐私性和可用性都得到了更好的平衡。接下来，我们将分别对这两种方法进行详细的阐述。

1. 基于密文计算的改进方法

用密文计算改进差分隐私的方法是从中心化差分隐私的框架和方法出发，利用密码学方法可保证"计算过程安全"的特性，将可信第三方替换成不可信第三方，将在该第三方上的明文计算操作替换为安全的密文计算操作。在该过程中，我们只是将原本不安全的计算过程替换为安全的数据计算，其结果的误差与中心化差分隐私保持一致。由此，我们可以在提高隐私性的同时，保证可用性与当前最优的差分隐私方法保持一致。

此处我们所使用的密文计算，包括同态加密、安全多方计算等，需根据不同的研究问题和场景来确定。同时，这也暴露了该方法的局限性，即它不够通用，我们需要根据每一个计算问题设计特别的安全密文计算协议，并证明其安全性。由此，针对不同的数据查询和数据分析的任务，研究者们提出了诸多基于密文计算的差分隐私保护方法。本节通过案例 DJoin[8] 来说明安全密文计算如何对差分隐私方法进行改进。

案例场景： 假设参与者 Alice 和 Bob 各拥有一个数据集，二者希望在保证结果隐私（即满足差分隐私）的前提下，计算二者数据集交集的大小。该步骤是

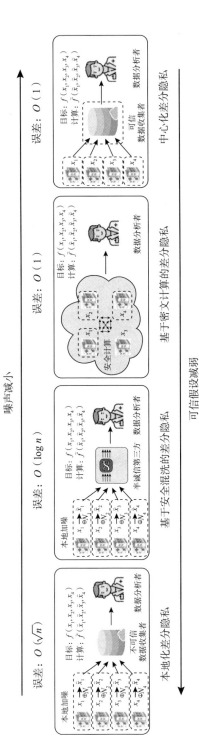

图 6.1　不同差分隐私方法的对比

支持隐私保护的结构化查询语言（Structured Query Language，SQL）查询的关键步骤，是进行连接操作时的必要步骤。

差分隐私方法： 要实现计算结果的差分隐私，最直观的是 Alice 和 Bob 分别将他们的数据发送给一个可信第三方，由该第三方计算出交集，并将该交集的势（即该集合的大小）添加差分隐私噪声后发送给 Alice 和 Bob 两人。该方法虽然向 Alice 和 Bob 保证了计算结果的隐私性，但用户数据仍被泄露给了该可信第三方。现实中，寻找一个完全可信的第三方十分困难。

基于密文计算的差分隐私方法 DJoin： 在该案例场景下，使用安全两方计算的方法计算 Alice 和 Bob 数据集的交集，可保证 Alice 和 Bob 在对对方数据一无所知的情况获得计算结果。该安全两方计算的方法不依赖其他第三方，保证过程安全，但并不能保证结果满足差分隐私。那么，如果我们在安全两方计算的过程中加密地添加满足差分隐私的噪声，就可实现结果的差分隐私。

DJoin 协议详细的算法过程中如图 6.2 所示。我们对其详细描述如下。首先，由 Alice 定义一个有限域的多项式，其根是 Alice 所拥有的元素。随后，Alice 将同态加密的多项式系数及公钥 pk 发送给 Bob。Bob 依据其每个输入对该加密的多项式进行计算，而后乘以一个新的随机数，该结果中的 0 的个数即是 Alice 和 Bob 之间的真实交集大小。为满足差分隐私，Bob 添加若干加密的 0 至真实计算结果中，添加 0 的多少满足差分隐私的要求。之后 Bob 将该扰动后的数据随机排列并发送给 Alice。Alice 解密结果计数后，也添加一些满足差分隐私要求的 0 至当前结果中，随机排列后发送给 Bob。在该过程中，协议的两个参与方都在其输入中添加了噪声以实现差分隐私。由于直接在结果中添加噪声，与中心化差分隐私方法相同，可输出仅具有 $O(1)$ 误差的计算结果。

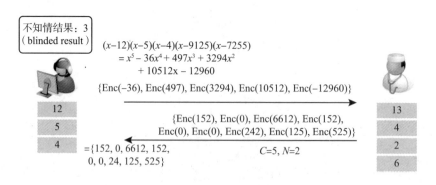

图 6.2　DJoin：基于密文计算的差分隐私方法

2. 基于安全混洗的改进方法

用安全混洗改进差分隐私，亦称混洗差分隐私方法，是从本地化差分隐私的框架和方法出发，增加一个可执行安全混洗协议的半诚信第三方，对用户扰动后的数据进行安全的混洗。通过该混洗操作，用户可实现完全的匿名，最终的数据分析者难以获知哪条数据对应哪一个用户。从直观上看，最终的计算结果得到了本地化差分隐私和匿名的双重保护，将会获得隐私放大的效果。

混洗差分隐私的典型方法是指 2017 年谷歌的 Andrea Bittau 和 Úlfar Erlingsson 等人提出的 ESA 框架[9] 及其对应的 Prochlo 实现方法。该框架可视为在本地化差分隐私框架的基础上，添加混洗器实现，如图 6.3 所示。此处混洗器是指一个半诚信的第三方服务器，它在一定时间间隔内收集加密且扰动的用户数据，删除这些数据的元信息［包括互联网协议地址（Internet Protocol Address，IP Address）、送达时间等］，并通过安全的混洗协议将它们的顺序彻底打乱，实现完全匿名。此处，我们依旧使用一个案例说明如何通过混洗差分隐私提高数据可用性。

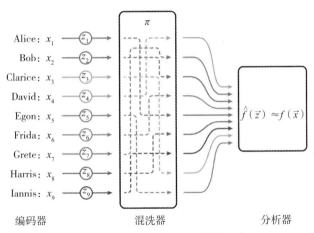

图 6.3　ESA：基于混洗的差分隐私方法

案例场景：假设每个用户拥有一个值 $x_i \in \{1,2,\cdots,100\}$，表示该用户是否使用过某个特定的 App（如婚恋交友 App），每个数值表示一个 App 的 ID。由于这些 App 会泄露用户恋爱情况等隐私信息，用户不希望直接发送该数据，而数据分析者（如系统开发者、App 运营者）想统计当前有多少用户使用了某个特定 App。

本地化差分隐私方法：如前文所述，我们可使用随机响应的方法对该数据进行扰动，使每个用户以 $\dfrac{e^\varepsilon}{e^\varepsilon+99}$ 的概率发送真实值，以 $\dfrac{1}{e^\varepsilon+99}$ 的概率发送值域内任意一个其他值。

基于混洗的差分隐私方法：此处，我们依旧使用随机响应的方法对用户数据进行扰动，但由于混洗机制的存在，对最终的计算结果有着隐私放大的作用，如 6.2.2 节所示。我们可以在保证结果同样满足 ε-差分隐私的情况下，用较大的概率发送真实值，用较小的概率发送相反值。我们可以通过一个更具体的例子来说明该问题。假设该案例场景下有 10 万用户，我们希望最终的计算结果满足 $\varepsilon = 0.5$ 的差分隐私。那么，对本地化差分隐私而言，经扰动，用户发送真实数值的概率为 24.49%；而对混洗差分隐私而言，依据定理 6.3，用户发送真实数值的概率为 99.84%，显然该结果中引入了更小的噪声，我们因此获得了可用性的提高。

我们可通过下述过程来简单理解基于混洗的隐私放大是如何实现的。当使用 ESA 框架时，数据分析者仅能看到混洗后匿名的数据集 $\{x'_1, x'_2, \cdots, x'_n\}$，在该结果中，扰动后的随机数与真实值混淆在一起，其中真实值的数量是随机的，且满足二项分布，这样可以实现类似于均匀采样所实现的隐私放大效果，其误差可降低为 $O(\log n)$。

6.3.2　差分隐私改进密码学协议效率

差分隐私方法的盛行在一定程度上得益于其对大数据分析处理的适用性。而将密码学协议与差分隐私方法结合最大的阻碍在于，密码学协议本身高昂的计算代价和通信代价会影响最终方法的性能。为克服该弊端，一系列用差分隐私改进密码学协议的研究逐步展开。我们对该类方法进行梳理，并将其归纳为 Differential Privacy for Cryptography 的方法，并做如下定义。

定义 6.2 Differential Privacy for Cryptography（DP4C）.　引入差分隐私以降低密码学协议的计算代价和通信代价，该方法计算的中间结果满足差分隐私，可抵御推理攻击。

值得注意的是，使用差分隐私改进密码学方法，并不能保证整个协议如同纯密码学协议一样绝对安全，只能令其满足差分隐私。但该保证足以抵御针对中间结果的推理攻击，且其带来数据效率方面的提升使该方案在现实生活中更易于使用。

要充分认识该问题，我们必须知道一些关于密码学协议的背景知识。在基于密码学的安全计算或通信协议中，无论所使用的加密算法有多么安全，仅仅对数据进行加密，是无法保证协议安全的。比如，我们将一些加密的数据存入数据库，这些加密数据会被一一写入磁盘。虽然攻击者通过观察该过程无法获知具体写入的内容，但可以知道每次写入了多少数据，即数据访问模式。假设只有某个特定的数据会连续写入 5 组内容，其他数据均写入一次，那么，通过观察该访问模式，攻击者便会得知写入的是否是该特定加密数据，从而实现推理攻击。

为了防止该推理攻击，在密文计算中，我们往往通过添加假的密文数据来阻止中间结果大小的差异性；在安全通信中，我们也需要增加一些额外的虚拟通信来防止该攻击。基于该思想，我们总结出用扰动改进密文填充和用扰动改进虚拟通信两类方法。这两类方法都使中间结果的大小满足差分隐私，而无须像传统的安全协议一样，将其填充至中间结果大小的最大值。由于每一个填充的密文数据都需要进行与其他数据相同的处理操作，因此，我们可以降低计算代价和通信开销。接下来，我们将分别对这两种方法进行详细的阐述。

1. 用扰动改进密文填充

用扰动改进密文填充的基本思想是，通过填充假数据使密文计算的中间结果的大小满足差分隐私，从而抵御推理攻击。此处，我们通过一个具体的例子 Shrinkwrap[10] 来说明该方法是如何实现的。

案例场景：在加密数据库中执行安全的 SQL 查询。如查询"患有心脏病且服用了阿司匹林的病人数量"，虽然参与计算的都是密文，但通过观察如图 6.4a 所示的查询语法树，在不加保护的情况下，攻击者可通过选择、连接的中间结果的大小推断出"患有心脏病"的病人数量和"服用阿司匹林"的病人数量等信息。

安全密文计算方法：为了隐藏每一个操作（选择、连接、投影等）计算结果的选择率，需通过添加明文为空的密文，从而将每步查询结果添加至可能查询结果的最大长度，即输入数据的大小。如图 6.4a 的查询语法树所示，假设输入的"diagnosis""medication""demographic"表的元组数量均为 N。为隐藏查询结果的选择率，选择操作 $\sigma_{\text{diag}=hd}$ 的大小也应填充至 N。中间结果也遵循该规律，最终该查询计算结果的大小为 N^3。如果该查询的选择率仅有 0.01%，那么通过该操作，计算结果则需加密地添加 1000 倍的数据，大大增加了查询数据的数量，从而增加了计算代价。

基于差分隐私的密文计算方法：Shrinkwrap 协议引入了差分隐私的机制。每次计算操作无须将结果填充至最大可能长度，仅需添加满足差分隐私中 Laplace 分布机制的噪声，即满足差分隐私大小的假数据。具体实现时，需先根据真实的中间计算结果的大小，计算添加 Laplace 噪声后的大小，而后依据该数量添加假的密文数据。虽然该机制并不具备绝对的安全性，但依旧满足可证明的差分隐私，使攻击者不能准确推断出中间结果的大小。如图 6.4c 所示，该操作明显降低了该安全查询协议整体的计算代价。

2. 用扰动改进虚拟通信

用扰动改进虚拟通信的基本思想是，通过填充假的通信数据，使该填充后通信数据的大小满足差分隐私保护，从而隐藏真实的数据通信次数，以抵御推理攻击。此处，我们通过一个具体的例子 Vuvuzela[11] 来说明该方法是如何实现的。

案例场景：Vuvuzela 是一个安全的匿名消息通信网，如图 6.5a 所示。使用

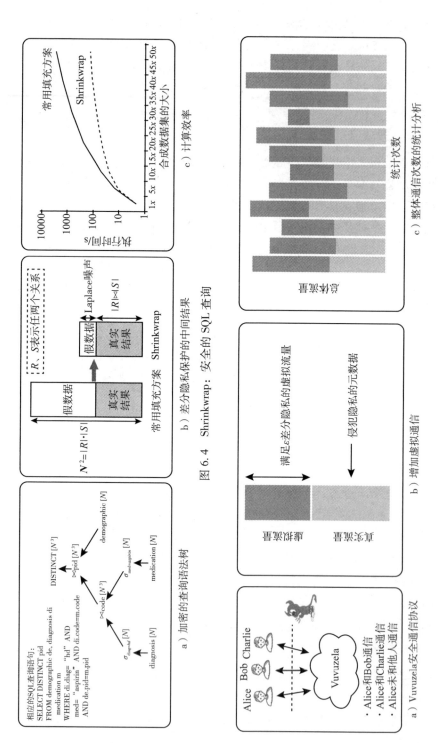

相应的SQL查询语句:
SELECT DISTINCT pid
FROM demographic de, diagnosis di
  medication m
WHERE di.diag= "hd" AND
  med= "aspirin" AND di.code=m.code
  AND de.pid=m.pid

a) 加密的查询语法树

$N^2 = |R| \cdot |S|$

常用填充方案   Shrinkwrap

R、S 表示任意两个关系

b) 差分隐私保护的中间结果

图 6.4 Shrinkwrap: 安全的 SQL 查询

c) 计算效率

a) Vuvuzela安全通信协议

· Alice和Bob通信
· Alice和Charlie通信
· Alice未和其他人通信

b) 增加虚拟通信

c) 整体通信次数的统计分析

图 6.5 Vuvuzela: 安全的通信协议

该网络进行通信时，攻击者无法通过该网络辨别"Alice 未和他人通信""Alice 和 Bob 通信"，以及"Alice 和 Charlie 通信"这三种状态。该匿名通信网通过 n 台服务器 s_i 和若干"秘密情报传递点"（dead drop）构成，每台服务器 s_i 接收到加密的用户消息后都将其顺序打乱，以隐藏消息与用户之间的对应关系，并传递给下一个服务器 s_{i+1}，最终将该消息传递到指定的"秘密情报传递点"。只有合法的用户才能从该"秘密情报传递点"获得消息，即两个通信的用户需协商好同一"秘密情报传递点"，才能实现通信。然而，攻击者通过观察"秘密情报传递点"在同一时间内消息传递的数量，很容易发现，数量为双数时，该网络中有用户在通信，当数量为单数时，则没有用户在通信，从而实现推理攻击。

安全的通信协议：为了保护用户的通信信息，在每一时刻，真实通信的用户和未通信的用户都会向"秘密情报传递点"传递消息，通过增加虚拟的通信次数，使用户的通信状态得以隐藏。但该方式会明显增加通信开销。

基于差分隐私的安全通信方法：差分隐私此时可用来更合理地度量增加虚拟通信的次数。对于某一时刻而言，我们首先获取真实的通信次数，并在其基础上添加满足差分隐私的噪声，依据该扰动后的大小，发送一些虚拟的通信消息。如图 6.5c 所示，该方法可以有效掩盖"秘密情报传递点"的通信模式，从而阻止对用户通信状态的推测。

6.4　一种隐私实用化框架

融合上述两类提升差分隐私实用性的框架，我们可以得到一种隐私实用化框架，即编码-混洗-分析（Encode-Shuffle-Analyze，ESA）框架。该框架 2017 年由谷歌的 Andrea Bittau 和 Úlfar Erlingsson 提出[9]，其后几年间得到了广泛的关注。本章将对该框架内容进行详细的介绍，并基于该框架定义混洗差分隐私。之后，我们说明密码学协议与隐私放大在其间的作用，并给出一些典型的、基于该框架的隐私保护的数据统计与收集方法。

6.4.1　ESA 框架与定义

下面我们对 ESA 框架的整体结构进行介绍，并基于该结构定义混洗差分隐私。可将该框架视为差分隐私框架中的一种，我们通过与中心化和本地化这些传统的差分隐私框架对比，说明该框架在隐私性与可用性上的优良性质。

1. ESA 框架结构组成

ESA 框架如图 6.6 所示，主要由编码器、混洗器和分析器构成，并假设这三方是不可合谋的。

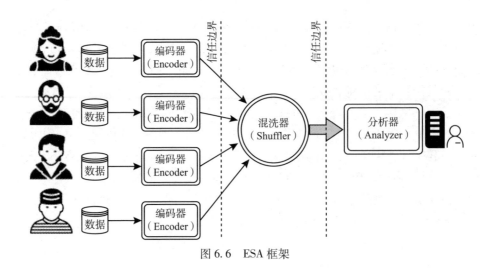

图 6.6　ESA 框架

编码器：主要运行在用户的本地客户端，通常被认为是可信的。它的作用是对用户数据进行编码，以完成对用户数据的发布范围、粒度、扰动程度，以及随机化程度的控制，在不依赖任何信任假设的情况下保护用户数据隐私。

编码器可根据其输出消息的多寡分为单编码模式和多编码模式。单编码模式指用户将数据编码为一条消息，形式上可以是一个数值、一个二元组或一个数组，每条消息都是后续处理的最小单元；多编码模式指用户将数据编码为多条可分别处理的消息，如多个数值、二元组和数组等。对于同一输入，通常情况下多编码模式可携带更多信息，有助于分析器获取更准确的分析结果。

编码器可通过数据泛化、数据分割、加密、添加差分隐私噪声的方式实现，以达到消除或减少数据所蕴含的隐私信息的目的。

混洗器：是独立的半诚信（semi-honest）服务器，可在对数据内容一无所知的情况下执行安全的混洗操作，是 ESA 框架的核心组件。它的作用是接收用户编码后的数据，消除相应的元数据（包括接收时间、顺序、IP 地址等），并对接收数据进行混洗（即打乱顺序），以达到匿名的目的。为保证足够的隐私保护效果，该混洗器需等待一段时间收集足够的用户数据进行混洗，并对数据量满足一定阈值的数据进行发布。当数据量为敏感信息时，可对该阈值添加满足差分隐私的噪声进行扰动，或者混洗器可随机丢掉一些数据使数据量满足差分隐私，从而保护数据量隐私。

混洗器在模式上，可分为单混洗器模式和多混洗器模式。单混洗器模式是将所有编码器输出的数据一起混洗，即从逻辑上使用一个混洗器进行混洗；多混洗器模式是将编码器输出的数据按属性或其他特征进行分类，从逻辑上使用多个混洗器对每个分类内的数据分别进行混洗。多混洗器模式通常用于属性或分类特征不敏感的情况下，与多输出模式的编码器相结合。但多混洗器模式并不与编码器中的多编码模式对应，多编码的消息也可以使用单混洗器模式的混洗器。单混洗器模式将所有数据混淆，具有更高的隐私性；但在多输出消息的分类特征不敏感的情况，使用多混洗器模式会获得更高的数据可用性。

特别说明的是，上述两个混洗模式并不与混洗器具体实现的数量一一对应，这两个混洗模式是从隐私的逻辑层面进行定义的。多混洗器模式可使用一个混洗器实现，即为每个分类添加标签，对属于不同标签的数据分别进行混洗；这两个混洗模式都可基于现有的安全协议使用多个混洗器实现，以避免单点失败。

此处，为了避免为实现混洗而引入的第三方"混洗器"成为新的隐私泄露源，我们需要进行安全混洗。所谓"安全混洗"，可以保证混洗器在完成均匀的混洗操作时，对所收集的数据和产生的中间结果一无所知，不能窥探用户隐私。混洗器的具体实现可根据该模型部署的条件借助已有的安全混洗协议，基于可信硬件、同态加密或多方安全计算等方式完成。

分析器：由数据收集者运行，是不可信服务器。它的作用是接收混洗器发布的数据，依据相应的编码和混洗规则对数据进行分析与校正，并获取最终的统计结果。该框架中数据的隐私性主要是针对分析器而言的，即将分析器视为数据的窥探者。

2. ESA 框架安全假设

该 ESA 框架假设编码器、混洗器和分析器互不串通，但一旦其中两者合谋，该模型的最终获得的隐私效果就会大打折扣。此处假设分析器作为攻击者，该模型获得的隐私保护程度在三者无合谋时为 A_c，分析器与混洗器合谋时为 A_s，分析器与编码器合谋时为 A_e，则这三种隐私保护效果的关系应为 $A_c > A_e \geq A_s$。具体分析如下。

当分析器与混洗器合谋时，用户数据仅可获得编码器所带来的保护，即 A_s。特别地，当该框架下隐私保护的最终目标是实现差分隐私，而编码器使用本地化差分隐私方法进行编码时，用户可获得相对 A_c 较弱的本地化差分隐私保护。

当分析器与编码器合谋时，参与合谋的编码器数量的不同，会获得不同效果的 A_e。当只有部分编码器参与合谋时，混洗的效果会减弱，但依旧会得到大于 A_s 小于 A_c 的隐私保护效果。极端情况下，除被攻击对象外的编码器都参与合谋，此时混洗器失效，该用户仅可获得 A_s 程度的隐私保护效果。

3. 混洗差分隐私

通常情况下，研究者们将 ESA 框架与隐私定义严格的差分隐私进行结合，即保证分析器所获得的最终输出满足差分隐私定义，以此来对数据隐私进行保证与度量。该结合被称为混洗差分隐私（Shuffle Differential Privacy，SDP）。根据差分隐私的后处理性，ESA 框架中的随机化编码器和混洗器处理过后的数据满足差分隐私，最终结果即可满足差分隐私。该结果的隐私效果与分析器无关，分析器的重要作用是对扰动数据进行计算，对估计结果进行校正。由此，本节给出混洗差分隐私的形式化定义。

定义 6.3　混洗差分隐私（Shuffle Differential Privacy）. 给定 n 个可信用户，每个用户对应一条记录 x_i。令 $R: X \to Y^m$ 表示随机化的编码器，其中 m 表示编码后消息的数量；$S: Y^m \to \Pi(Y^m)$ 表示混洗操作；算法 $A: \Pi(Y^m) \to Z$ 为分析函数，其中 Π 表示乱序，则混洗差分隐私协议可表示为 $P = (R, S, A)$。根据后处理性质，如果 $S(R^n) = S(R(x_1), \cdots, R(x_n)) = \Pi(R(x_1), \cdots, R(x_n))$ 满足 (ε, δ)-差分隐私，则协议 P 满足 (ε, δ)-差分隐私。

　　直观地，我们可对混洗差分隐私同本地化差分隐私、中心化差分隐私进行对比，如图 6.7 所示。

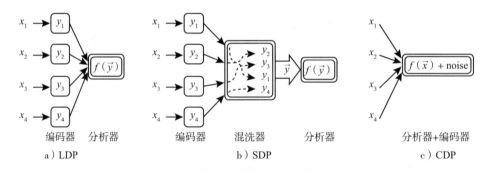

图 6.7　不同框架下的差分隐私方法对比

　　混洗差分隐私方法与本地化差分隐私方法具有高度的相似性，可以使用相同的编码器，实现用户本地数据的差分隐私。混洗差分隐私方法可视为在本地差分隐私框架上增加混洗器得到的，该混洗器依赖于半诚信的安全假设，相比于无任何可信依赖的本地化差分隐私框架，该框架的安全性有所降低。但混洗器所完成的匿名操作，可有效实现隐私增强的效果，意味着在保证同样 ε 差分隐私保护的前提下，混洗差分隐私框架可通过编码器添加较小的噪声来提高最终数据的可用性。

　　混洗差分隐私方法与中心化差分隐私相比，后者使用集中式隐私保护框架，将分析器和编码器集成在一起，放置于一个可信的第三方，可将该第三方视为数据收集者。该数据收集者收集用户原始数据，在该数据上进行分析，之后发布添加差分隐私噪声的分析结果。混洗差分隐私方法虽在用户数据上添加了较多噪声，损失了一定数据的可用性，但相比中心化差分隐私，摆脱了对可信服务器的强依赖。

总体而言，在模型对可信假设的依赖上，本地化差分隐私<混洗差分隐私<中心化差分隐私，即本地化差分隐私拥有最小的可信假设；以同一 ε 差分隐私为目标，在分析结果的可用性上，中心化差分隐私>混洗差分隐私>本地化差分隐私，即中心化差分隐私拥有最高的结果可用性。由此可以发现，混洗差分隐私方法在隐私与可用性上，均介于本地化与中心化差分隐私二者之间，实现了更好的平衡。

6.4.2　ESA 中的隐私放大

ESA 框架对计算结果可用性的提升是混洗所带来的隐私放大作用得到的。从直观上看，混洗所造成的用户数据的匿名，会进一步在本地化编码和扰动的基础上，提高数据的隐私性。通过 6.2.2 节的分析，我们可以得到其量化的隐私放大效果。基于这些隐私放大理论，混洗差分隐私可以获得比本地化差分隐私方法小 $O(\sqrt{n})$ 倍的结果误差。

举例来看[12]，假设存在 10 万用户，每个用户拥有一个整数 $x_i \in [1,100]$，用户分别基于 ESA 框架和本地化差分隐私方法在本地对数据进行扰动，数据收集者基于扰动数据进行频数估计。为方便比较，假设这两种方法都基于 k 值随机响应（即 k-RR，见 5.2.1 节）实现，且对数据收集者而言发布数据都满足隐私损失 $\varepsilon = 0.5$ 的差分隐私。用户使用本地化差分隐私方法时，需要在本地进行隐私预算 $\varepsilon = 0.5$ 的数据扰动，扰动后的数据 24.49% 为真实值，其他均为随机噪声；而用户使用 ESA 框架时，混洗器的隐私放大作用使用户仅需在本地进行隐私预算 $\varepsilon = 10.5$ 的数据扰动，扰动后的数据 99.84% 为真实值，其余为随机噪声。这一简明对比说明了 ESA 框架尽可能保留了原始的真实数据，从而在提供相同隐私保证的情况下提高了数据的可用性。

图 6.8 对该例子中数据收集者获得频数估计的分布进行展示，ESA 框架扰动后的结果更接近于原始数据，而本地化差分隐私方法（图中为 LDP 方法）扰动后的结果则与真实结果相距甚远。值得说明的是，ESA 框架扰动后的结果与中心化差分隐私方法（图中为 CDP 方法）在该案例下获得的结果近似，但该中心化差分隐私方法假设数据收集者可信（或存在一个可信第三方），是在对用户真实数据的计算结果（即直方图）上直接添加一次 Laplace 噪声得到的，而 ESA 框架则需在用户本地添加总共 n 次噪声。

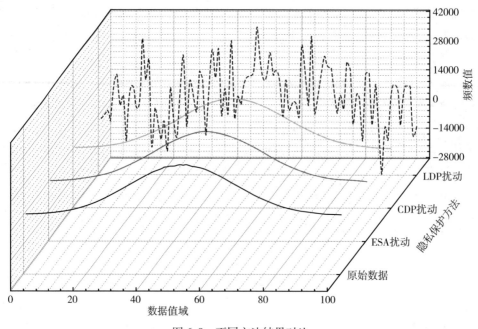

图 6.8   不同方法结果对比

6.4.3   混洗差分隐私方法

在了解 ESA 框架与混洗差分隐私的基本机理后，我们介绍几种具体的混洗差分隐私方法，以基础的面向数据收集的统计问题为主，包括计数估计、频率估计和求和估计。

1. 计数估计问题与方法

计数估计问题（counting estimation）是绝大多数统计估计问题的基础，即每个用户拥有一个数值 $x_i \in \{0,1\}$，分析器端基于匿名的用户扰动数据估计拥有 1 的用户数量，即估计这些数值的和 $\sum_n x_i$，由此该问题又称为布尔求和（boolean summation）或二项求和（binary summation）问题。

Albert Cheu 在 ESA 框架上应用基础的随机响应机制对用户拥有的 $x_i \in \{0,1\}$ 进行估计[4]，并通过基于匿名的隐私放大定理得到中心化的差分隐私保护。类似于基础的随机响应机制，用户以 λ 的概率随机输出 $y_i \in \{0,1\}$，以 $1-\lambda$ 的概率输出其本身的值 $y_i = x_i$。混洗器收到这些值后，将其匿名并乱序后发送给分析器，分析器利用式（6.4）进行无偏的计数估计，其中，$\hat{n}$ 表示拥有 1 的用户数量的估计值，n^* 表示该数量在混洗数据上的统计值，n 表示总体用户数量。

$$\hat{n} = \frac{n^* - \frac{1}{2}n\lambda}{1 - \lambda} \tag{6.4}$$

依据定理 6.4，当 $\delta \in (0, 1)$，$n > 14\log 4/\delta$，$\varepsilon \in \left(\frac{\sqrt{3456}}{n\log 4/\delta}, 1\right)$，且 λ 满足式（6.5）时，该算法满足（ε，δ）-差分隐私。

$$\lambda = \begin{cases} \dfrac{64}{\varepsilon^2} \log \dfrac{4}{\delta}, & \varepsilon \geqslant \sqrt{\dfrac{192}{n} \log \dfrac{4}{\delta}} \\[4mm] n - \dfrac{\varepsilon n^{\frac{3}{2}}}{\sqrt{432 \log \dfrac{4}{\delta}}}, & 其他 \end{cases} \tag{6.5}$$

此外，Victor Balcer 在本章参考文献 [13] 中提出了多消息编码器模式下的差分隐私方法，即每个用户将其拥有的数值扰动编码为最多两个值，该方法所获得的最终结果不是无偏的；本章参考文献 [14] 进一步考虑了用户端不完全可信的情况，实现了具有鲁棒性的差分隐私。Badih Ghazi[15] 则通过将与用户输入相关的扰动消息和与输入无关的噪声联系起来，保证相邻数据集扰动后的分布在任一点上的概率密度相差在一个很小的乘积因子的范围内，实现了 $\delta = 0$ 的差分隐私。

2. 频率估计问题与方法

频数估计中假设每个用户拥有一个离散型的值 $x_i \in \{1, \cdots, d\}$，分析器端基于匿名的用户扰动数据估计这些数值频数 $\mathrm{count}(j)$，$j \in \{1, \cdots, d\}$，即估计用户数据直方图。

Borja Balle[5] 基于本地化差分隐私中的 k 值随机响应机制，对用户拥有的 $x_i \in \{1, \cdots, d\}$ 进行估计，是频数估计中最简单而直接的方法。用户以 λ 的概率随机输出 $y_i \in \{1, \cdots, d\}$，以 $1-\lambda$ 的概率输出其本身的值 $y_i = x_i$。混洗器收到这些值后，将其匿名并乱序后发送给分析器，分析器利用式（6.6）对每一个值 $j \in \{1, \cdots, d\}$ 的频数进行无偏估计。在该过程中，依旧通过基于匿名的隐私放大定理将 k 值随机响应中本地化差分隐私的隐私损失 ε_0 转化为中心化差分隐私的隐私损失 ε。

$$\hat{n} = \frac{n^* - \frac{1}{k}n\lambda}{1 - \lambda} \tag{6.6}$$

在本章参考文献 [5] 中，Borja Balle 将这 λn 个随机值称为"隐私毯子"（Privacy

Blanket），任意用户值在被混洗后均获得了"隐私毯子"带来的增强隐私效果。基于隐私毯子的思想，该作者对该方法的隐私保证和误差进行了严格且优雅的证明，当 λ 根据式（6.7）进行取值时，分析器端所收集的数据满足 (ε, δ)-差分隐私，用户端满足 ε_0 本地化差分隐私，其中 $\varepsilon_0 = \log \dfrac{(n-1)\varepsilon^2}{14 \log 2/\delta} - d + 1$。

$$\lambda = \max\left\{ \frac{14k \log \frac{2}{\delta}}{(n-1)\varepsilon^2}, \frac{27k}{(n-1)\varepsilon} \right\} < 1 \tag{6.7}$$

为了进一步减少频率估计的误差，研究者们相继提出了若干频数估计方案。Tianhao Wang 基于最优本地散列方法（Optimized Local Hash, OLH）[16]，结合隐私放大理论提出了基于混洗的最优本地散列机制（Shuffler-Optimal Local Hash, SLH）[17]。该方法虽可实现与值域 d 大小无关的误差边界，但由于每个用户都使用一个单独的散列函数对数值进行扰动，因此分析器对频率进行估计时需遍历每一个散列函数来确实用户值，该方法在分析器端有着明显增加的计算代价。Badih Ghazi[18] 基于多消息的编码器模式，在用户的输出中同时保留了真实值和构成"隐私毯子"的随机值两部分，可实现对数多项式级别的估计误差。同时，考虑到用户扰动数据时所使用随机数产生方式的不同，Badih Ghazi 提出了 private-coin 和 public-coin 两种算法，前者随机性的资源被用户独立拥有，后者用户端产生随机数的算法可与分析器共享，以减少通信代价。但这两种算法复杂的数据扰动方式，使用户端和分析器端的计算代价都明显增加。

3. 求和估计问题与方法

求和估计主要针对实数完成，即假设每个用户拥有一个数值 $x_i \in [0,1]$，分析器端基于匿名的用户扰动数据估计这些数值的和 $\sum_n x_i$。如果可以将连续的实数编码为离散值，该问题即可通过上述计数估计和频率估计的方法完成。通常情况下，我们称通过随机化算法将实数编码为离散值的方法为"随机舍入"算法。

Albert Cheu 在本章参考文献 [4] 中将用户值 x_i 通过随机舍入算法无偏映射为向量 $\hat{b}_i = \{b_{i1}, \cdots, b_{ip}\} \in \{0,1\}^p$，其中 1 的个数为 $\lfloor x_i p \rfloor + \text{Ber}(x_i p - \lfloor x_i p \rfloor)$，$\text{Ber}(\cdot)$ 表示伯努利分布，$\lfloor \cdot \rfloor$ 表示向下取整。该方法主要通过向量 $\hat{b}_i$ 中 1 的数量来估计 $x_i \times p$，p 表示随机舍入的精度，亦可以理解为将 $x_i \in [0,1]$ 放大至一个离散整数 $x_i \times p \in [0,p]$ 的倍数。例如，当用户值 $x_i = 0.732$、$p = 10$ 时，用户进行随机舍入，以 0.32 的概率舍入位 8 个 1 和 2 个 0，以 0.68 的概率舍入为 7 个 1 和 3 个 0。之后，编码器在每个 $b_{ij}(i \in \{1, \cdots, n\}, j \in \{1, \cdots, p\})$ 上分别使用 Albert Cheu 提

出的计数估计算法进行值的扰动和估计，并在该过程中应用高级组合定理[19]进行 ε 的分割。用 b_j' 表示对每一个维度的数据扰动混洗后得到的向量，如果得到的 b_j' 满足 $\left(\dfrac{\varepsilon}{\sqrt{8p \log \dfrac{\delta}{4}}},\ \dfrac{\delta}{2p} \right)$ 差分隐私，那么最终的求和结果满足 (ε, δ)-差分隐私。为保证结果的无偏性，最终估计的求和结果需除以放大的倍数 p。

更直接地，Borja Balle[5] 将用户值 x_i 直接放大 p 倍，随机舍入为 $\hat{x}_i = \lfloor x_i p \rfloor + \mathrm{Ber}(x_i p - \lfloor x_i p \rfloor)$。由此，可直接应用 k 值随机响应算法对每一个 $\hat{x}_i$ 进行扰动，扰动后的值用 x' 表示，最终通过 $\dfrac{\sum_n x'/p - \lambda n/2}{1 - \lambda}$ 对该实数和进行估计。更进一步地，为了估计结果的准确率，减少随机舍入带来的误差，Borja Balle 在本章参考文献［20］中将用户值依据 m 个固定的准确度编码为多个值，并对编码后的值分别独立地应用随机响应算法，从而尽可能利用混洗器提供的隐私保护。此外，Badhi Ghazi[15] 将用户所拥有的实数使用二进制进行编码，对每一位分别扰动实现了 $\delta = 0$ 的差分隐私。

6.5　小结

本章从差分隐私与实用性的角度出发，探讨了两类方法，即隐私放大方法以及密码学与差分隐私相结合的方法。同时我们提出，在密码学方法与差分隐私方法结合时，可考虑 C4DP 和 DP4C 两个方面。C4DP 主要借助密码学协议的安全性，增加差分隐私方法的隐私性，同时提高计算结果的可用性。DP4C 主要借助差分隐私的概念限制冗余的计算与通信次数，从而提高算法的整体性能。只有差分隐私的效用问题和密码学协议的效率问题同时解决，才能获得一个实用化的隐私保护方案。而后，我们对具体的实用化框架 ESA 进行了介绍。本章所介绍的方案，其核心都是通过尽可能减少对数据的扰动，同时保护结果的隐私性。如何在此基础上更进一步，是否有更好的隐私保护方法，使我们可以几乎对数据不扰动，同时兼顾隐私性、效率与效用，值得大家思考。

参考文献

［1］WAGH S, HE X, MACHANAVAJJHALA A, et al. DP-cryptography：marrying differential privacy and cryptography in emerging applications ［J］. Communications of the ACM, 2021, 64（2）：84-93.

［2］ ULLMAN J. Cs7880：rigorous approaches to data privacy ［EB/OL］. ［2022 – 01 – 07］. https：//www. ccs. neu. edu/home/jullman/cs7880s17/HW1 sol. pdf.

［3］ ERLINGSSON Ú, FELDMAN V, MIRONOV I, et al. Amplification by shuffling：from local to central differential privacy via anonymity ［C］//Proceedings of the Thirtieth Annual ACM-SIAM Symposium on Discrete Algorithms. Philadelphia, PA：SIAM, 2019：2468–2479.

［4］ CHEU A, SMITH A, ULLMAN J, et al. Distributed differential privacy via shuffling ［C］// Annual International Conference on the Theory and Applications of Cryptographic Techniques. Berlin：Springer, 2019：375–403.

［5］ BALLE B, BELL J, GASCÓN A, et al. The privacy blanket of the shuffle model ［C］// Annual International Cryptology Conference. Berlin：Springer, 2019：638–667.

［6］ FELDMAN V, MIRONOV I, TALWAR K, et al. Privacy amplification by iteration ［C］// Proceedings of the IEEE 59th Annual Symposium on Foundations of Computer Science. Piscataway, NJ：IEEE, 2018：521–532.

［7］ BALLE B, KAIROUZ P, MCMAHAN B, et al. Privacy amplification via random check-ins ［J］. Advances in Neural Information Processing Systems, 2020, 33：4623–4634.

［8］ NARAYAN A, HAEBERLEN A. DJoin：differentially private join queries over distributed databases ［C］//Proceedings of the 10th USENIX Symposium on Operating Systems Design and Implementation. Berkeley, CA：USENIX Association, 2012：149–162.

［9］ BITTAU A, ERLINGSSON Ú, MANIATIS P, et al. Prochlo：strong privacy for analytics in the crowd ［C］//Proceedings of the 26th Symposium on Operating Systems Principles. New York：ACM, 2017：441–459.

［10］ BATER J, HE X, EHRICH W, et al. Shrinkwrap：efficient SQL query processing in differentially private data federations ［J］. PVLDB, 2018, 12（3）：307–320.

［11］ VAN DEN HOOFF J, LAZAR D, ZAHARIA M, et al. Vuvuzela：scalable private messaging resistant to traffic analysis ［C］//Proceedings of the 25th Symposium on Operating Systems Principles. New York：ACM, 2015：137–152.

［12］王雷霞，孟小峰. ESA：一种新型的隐私保护框架［J］. 计算机研究与发展，2022，59（1）：144–171.

［13］ BALCER V, CHEU A. Separating local & shuffled differential privacy via histograms ［C］// Proceedings of the 1st Information-Theoretical Cryptography Conference. Germany：Schloss Dagstuhl-Leibniz-Zentrum für Informatik, 2020：1：1–1：14.

［14］ BALCER V, CHEU A, JOSEPH M, et al. Connecting robust shuffle privacy and pan-privacy ［C］//Proceedings of the 2021 ACM-SIAM Symposium on Discrete Algorithms（SODA）. Philadelphia, PA：SIAM, 2021：2384–2403.

［15］ GHAZI B, GOLOWICH N, KUMAR R, et al. Pure differentially private summation from anonymous messages ［C］//Proceedings of the 1st Information-Theoretical Cryptography Conference. Germany：Schloss Dagstuhl-Leibniz-Zentrum für Informatik, 2020：15：1–15：23.

［16］ WANG T, BLOCKI J, LI N, et al. Locally differentially private protocols for frequency estimation ［C］//Proceedings of the 26th USENIX Security Symposium (USENIX Security 17). Berkeley, CA: USENIX Association, 2017: 729-745.

［17］ WANG T, DING B, XU M, et al. Improving utility and security of the shuffler-based differential privacy ［J］. PVLDB, 2020, 13 (13): 3545-3558.

［18］ GHAZI B, GOLOWICH N, KUMAR R, et al. On the power of multiple anonymous messages: frequency estimation and selection in the shuffle model of differential privacy ［C］// Proceedings of Annual International Conference on the Theory and Applications of Cryptographic Techniques. Berlin: Springer, 2021: 463-488.

［19］ DWORK C, ROTH A. The algorithmic foundations of differential privacy ［J］. Foundations and Trends in Theoretical Computer Science, 2014, 9 (3-4): 211-407.

［20］ BALLE B, BELL J, GASCÓN A, et al. Private summation in the multi-message shuffle model ［C］//Proceedings of the 2020 ACM SIGSAC Conference on Computer and Communications Security. New York: ACM, 2020: 657-676.

第三篇

人工智能隐私保护技术

在互联网、大数据和机器学习的助推下,人工智能技术日新月异,刷脸支付、辅助诊断、个性化服务等逐步走入大众视野并深刻改变着人类的生产与生活方式。然而,在这些外表光鲜的智能产品背后,用户的生理特征、医疗记录、社交网络等大量个人敏感数据无时无刻不在被各类企业、机构肆意收集。大规模数据收集能够带动机器学习性能的提升,实现经济效益和社会效益的共赢,但同时令个人隐私保护面临更大的风险与挑战。

实现隐私保护的机器学习,除了借助法律法规的约束外,还要求研究者必须以隐私保护为首要前提进行模型的设计、训练与部署,保证数据中的个人敏感信息不会被未授权人员直接或间接获取。本篇概述当前机器学习的隐私问题,并对现有隐私保护研究工作进行梳理和总结,首先分别针对传统机器学习和深度学习两类情况,探讨集中学习下差分隐私保护的算法设计;进而概述联邦学习中存在的隐私问题及保护方法,说明当前机器学习的隐私保护研究所面临的主要挑战。

第 7 章

机器学习中的隐私保护

作为实现人工智能的重要技术，机器学习旨在从数据中学习知识，然后对真实世界中的未知事件做出决策和预测。大数据时代，大规模数据收集大幅提升了机器学习算法的性能，实现了经济效益和社会效益的共赢，但同时令个人隐私保护面临更大的风险与挑战。

根据训练数据存储位置的不同，机器学习训练架构可分为集中式学习和分布式学习两类。前者在当今工业界应用最为广泛，其优点在于易于部署，且企业一旦收集到用户数据之后便可长期存储于数据库中，以进行后续各类分析。然而一旦数据库遭受到直接或间接攻击，将造成极大的数据安全与隐私隐患。后者不需要集中存放训练数据，仅需在数据分散存储的节点上训练本地模型，并将模型参数传递给服务器。尽管该方法有效避免了因数据集中收集导致的数据泄露等直接攻击，却依然不足以完全防御外部攻击者带来的间接隐私攻击。从算法的角度，现有的针对机器学习的隐私保护技术大致可分为 3 条主线：以同态加密（Homomorphic Encryption，HE）为代表的加密技术、以差分隐私（Differential Privacy，DP）为代表的扰动技术和以安全多方计算（Secure Multi-Party Computation，SMPC）、联邦学习（Federated Learning，FL）为代表的协同计算框架。本章主要讨论集中式学习框架下的隐私保护问题，并在第 8 章讨论分布式学习框架下，具体为联邦学习下的隐私保护问题。

7.1　引言

机器学习是一系列数据分析算法的总称，旨在从大量已有数据中分析并挖掘出其内在规律，并进一步对新数据加以分类或预测。其形式化表述为，给定一个独立同分布的有限训练数据集，应用某一评价准则和学习策略，从一个未知的模型假设空间（hypothesis space）$\mathcal{F}$ 中选取一个预测准确、泛化性强的最优模型 f，用以描述输入与输出间的映射关系。机器学习的目标除了让模型尽可能地拟合已有数据之外，更重要的是能更好地适用于新数据。不过，评价一个机器学习模型的好坏，除预测精度等常用指标外，其安全性与隐私性也是必须考虑的重要因素。

机器学习中的隐私问题主要表现在两个方面。

- 由大规模数据收集导致的直接隐私泄露：主要表现在不可靠的数据收集者在未授权的情况下非法进行数据收集、共享和交易等。
- 由模型泛化能力不足导致的间接隐私泄露：主要表现在不可靠的数据分析者恶意地与模型进行多次交互，从而逆向推理出未知数据的敏感属性。

本书重点讨论间接隐私泄露问题，具体指针对机器学习模型发起的各类隐私攻击，即攻击者在不破坏模型完整性和可用性的前提下对训练模型或训练样本进行推断或重构。隐私攻击源于机器学习模型在训练过程中往往会出现过拟合（over-fitting）现象，即模型过度学习到训练样本的细节特征，以致与训练样本相比，对新样本的预测精度也偏低，据此攻击者便能够推断出训练样本中的敏感信息，甚至对训练样本进行重构，典型代表有成员推断攻击、模型反演攻击和模型窃取攻击，前两类以训练样本为攻击对象，最后一类则以训练模型为攻击对象，如表 7.1 所示。

表 7.1　机器学习的隐私攻击

隐私攻击类型	攻击目标	攻击条件
成员推断攻击[1] （Membership Inference Attack）	推断特定样本 是否用于模型训练	攻击者需要具有模型或训练数据的特定背景知识
模型反演攻击[2-3] （Model Inversion Attack）	重构训练样本	训练样本较少
模型窃取攻击[4] （Model Extraction Attack）	重构目标模型	模型简单、参数量少

实现隐私保护的机器学习，除借助法律法规的约束外，更要求研究者从源头入手，以隐私保护为首要前提进行模型的设计、训练与部署，保证数据中的

个人敏感信息不会被未授权的第三方直接或间接获取。传统的机器学习训练架构首先需由数据收集者集中收集训练数据,然后数据分析者进行模型训练。可见,用户一旦被收集数据便很难再拥有对数据的控制权,其数据将被用于何处、被如何使用也不得而知。

迄今为止,已有大量研究工作致力于解决机器学习的隐私保护问题。本章重点讨论有监督学习(supervised learning)的隐私算法设计。有监督学习是机器学习的重要分支之一,也是应用最广泛的一类学习方法,其常用的学习策略是**经验风险最小化**(Empirical Risk Minimization,ERM)。其本质上为一个无约束最优化问题,最常用的求解方法是**梯度下降法**(Gradient Descent,GD)及其一系列改进方法,包括随机梯度下降(Stochastic Gradient Descent,SGD)、小批量梯度下降(Mini-Batch Gradient Descent,MBGD)等。这些方法的主要思想均是通过迭代的方式,从模型假设空间中的任意一点开始,不断向使目标函数下降最快的方向更新模型参数。综上所述,在设计机器学习隐私保护机制时,人们大多都是从模型、策略和算法三方面入手,引入适当的隐私保护方法,从而保证机器学习过程不受到外部隐私攻击。

从算法的角度,现有的隐私保护技术大致可分为 3 条主线:以同态加密(Homomorphic Encryption,HE)为代表的**加密**技术、以差分隐私(Differential Privacy,DP)为代表的**扰动**技术以及以安全多方计算(Secure Multi-Party Computation,SMPC)、联邦学习(Federated Learning,FL)为代表的**协同计算框架**。

- **加密技术**:指利用加密算法将数据明文编码为仅特定人员能够解码的密文,同时保证敏感数据在存储、计算、传输过程中的保密性,是公认的最基本、最核心的数据安全技术。此方法虽能够保证计算结果的准确性,但受限于其所支持的有限代数运算和高昂的计算代价。

- **扰动技术**:指在模型训练过程中引入随机性,即添加一定的随机噪声,使输出结果与真实结果具有一定程度的偏差,以防止攻击者进行恶意推理。与加密相比,此方法通过噪声添加机制[5]便可以实现,不存在额外的计算开销,但一定程度上会对模型可用性造成影响。

- **协同计算框架**:指数据不再发送给中心服务器,而是保留在本地,各方以一种去中心化的方式协同训练机器学习模型,从而避免了数据的直接与间接隐私泄露。

除隐私问题之外,机器学习同样面临诸多安全问题。对机器学习而言,隐私问题与安全问题的主要区别在于:前者虽能导致训练数据的直接或间接泄露,模型本身却并未受到攻击;但后者将会导致模型的内在逻辑被恶意诱导或破坏,从而无法实现预期功能。针对机器学习的安全攻击既有可能发生在模型训练阶段，也可能发生在模型应用阶段，该问题多年来同样受到广泛关注，但非本书重点，故此处不再赘述。

7.2 机器学习的隐私保护

本节重点对同态加密和差分隐私机制两类方法加以概述，并介绍它们各自在机器学习隐私保护中的应用。

7.2.1 同态加密

所谓同态（homomorphic），指明文在加密前后进行同一代数运算（如加法或乘法运算）的结果是等价的。同态加密的本质为加密函数，其中，仅满足加法同态或乘法同态的算法称为半同态加密（semi-homomorphic encryption）或部分同态加密（somewhat-homomorphic encryption），如 Paillier 加密和 DGK 加密仅满足加法同态，RSA 算法和 ElGamal 算法仅满足乘法同态；同时满足加法同态和乘法同态的算法称为全同态加密，如 Gentry 提出的基于理想格的全同态加密算法。

加密方法的优点在于能够保证计算结果的正确性，但由于数据的加、解密过程往往涉及大量运算，且存在大量的非线性计算的机器学习模型，算法的计算开销十分高昂，这也是加密方法至今在有效性和实用性方面饱受争议，难以在实际应用中落地的主要原因。

7.2.2 差分隐私

差分隐私机制是目前扰动技术的代表性方法。相比于密码学方法，差分隐私只需通过噪声添加机制，即对原始数据添加服从特定分布的随机噪声便可实现，故更易于在实际场景中部署和应用。然而，不同于同态加密能够保证计算结果的准确性，差分隐私技术将对最终模型的可用性产生或多或少的影响。

对机器学习任务而言，由于模型训练过程往往需要多次访问训练数据集，如数据预处理、计算损失函数、迭代训练求解最优参数等，因此必须将整个训练过程的全局隐私损失控制在尽可能小的范围内。不过，对统计机器学习和深度学习两类模型而言，其差分隐私保护方法具有较大的差异，在设计时需要分别加以考虑，主要原因在于：

- 传统的统计机器学习模型结构简单，故经过较少次的迭代更新便能求得一个近似最优解；

- 深度学习模型结构复杂、参数量大，由于引入了大量非线性元素，目标
  函数往往是非凸的，因此需要经过更多次的迭代才能求得近似最优解，
  且极易陷入局部最优，此时很难平衡模型可用性与隐私保护效果。

本章将在 7.3 节讨论统计学习中的隐私保护算法设计，并在 7.4 节关注深度学习算法。

7.3　统计学习的隐私保护

本章重点讨论差分隐私保护下的机器学习算法设计。7.1 节曾提到，经验风险最小化是最常用的模型学习策略，其基本思想是在整个模型假设空间 $\mathcal{F}$ 中寻找使风险最小的最优模型。给定输入数据集为 $\mathcal{D}=\{(x_i,y_i)\in(\mathcal{X},\mathcal{Y})\}_{i\in[n]}$ 和损失函数 $\ell:\mathcal{X}\to\mathcal{Y}$，学习目标是求得最优模型参数 $f^*\in\mathcal{F}$，使如下所示的经验风险最小：

$$\mathcal{L}(w,\mathcal{D})=\frac{1}{n}\sum_{i=1}^{n}\ell(f(w;x_i),y_i)+\lambda N(f) \tag{7.1}$$

其中，$\mathcal{L}(\cdot)$ 为目标函数，w 为模型参数，n 为样本数，$N(\cdot)$ 是一个与模型复杂度相关的正则化项（regularizer），用来对复杂模型进行“惩罚”，以提高模型泛化能力，防止过拟合，λ 为正则化系数。

经验风险最小化不满足差分隐私。对于传统机器学习，根据经验风险最小化得到的最优模型往往与决策边界附近的某些训练样本密切相关（如支持向量机模型中的支持向量）。根据差分隐私定义，若这些样本的集合被增加、删除或修改，将可能导致模型完全改变。在这种情况下，训练样本的信息将很容易被推测出来。对深度学习而言，由于模型大多为非线性的，这种情况将更加严重，如图 7.1 所示。

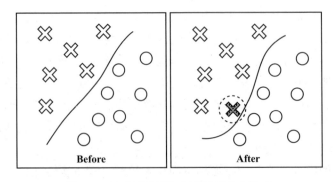

图 7.1　经验风险最小化不满足差分隐私

对绝大多数机器学习任务而言，若令经验风险最小化过程满足差分隐私，则模型在一定程度上便实现了隐私保护。

根据扰动在最优化过程中实施的不同阶段，可将其归结为四类差分隐私扰动方法，分别为输入扰动（input perturbation）、目标扰动（objective perturbation）、梯度扰动（gradient perturbation）和输出扰动（output perturbation）。

输入扰动：指对原始数据添加一定程度的噪声，使模型在扰动后的数据上进行训练，从而避免其直接访问真实数据。考虑以下两种情况：一是全局隐私（global privacy），即个人数据首先被集中收集，收集者发布数据时先要对敏感数据集进行扰动；二是本地隐私（local privacy）[6]，即个人首先在本地端对数据进行扰动，再将其发送给收集者。前者在早期研究中已证明存在较大的局限性；后者由于用户之间并不知道彼此的数据，因此基于全局敏感度的扰动机制已不再适用。人们进一步提出了本地化差分隐私的定义，并针对不同数据类型、各类数据挖掘任务以及线性回归、逻辑回归等简单机器学习模型[7]进行了大量的尝试，本地化差分隐私已成为现今隐私保护技术研究的主流方法之一。

输出扰动：指对经验风险最小化求得的最优模型参数添加噪声，噪声大小与目标函数的敏感度密切相关。当目标函数 $\mathcal{L}(w, \mathcal{D})$ 满足连续、可微且为凸函数时，可证其敏感度为 $\dfrac{2}{n\lambda}$，进而证明算法满足 ε-差分隐私。输出扰动过程如算法 1 所示。

算法 1：输出扰动

输入：训练数据集 $\mathcal{D} = \{(x_i, y_i)\}_{i \in [n]}$

输出：最优隐私模型参数 $\widetilde{w}^*$

　　// 求解最优模型参数

1　$w^* = \mathrm{argmin}_w \, \mathcal{L}(w, \mathcal{D})$

　　// 对最优模型参数添加随机噪声

2　$\widetilde{w}^* = w^* + z$，其中 $\rho(z) \propto \exp\left(-\dfrac{n\varepsilon\lambda}{2} \| z \|\right)$

3　**return** $\widetilde{w}^*$

上述条件使该方法存在较大的局限性，即当正则化项或损失函数为非凸函数时，该方法便不再适用。除此之外，由于所加噪声服从一定的概率分布，因此若攻击者重复执行相同的查询，仍然有可能根据噪声结果的分布情况推测算法输出的真实结果。

　　目标扰动：指在经验风险最小化的目标函数表达式中引入随机项，并基于扰动后的目标函数求解最优模型。目标扰动过程如算法 2 所示。

算法 2：目标扰动

输入：训练数据集 $\mathcal{D} = \{(x_i, y_i)\}_{i \in [n]}$

输出：最优隐私模型参数 $\tilde{w}^*$

　　// 对目标函数添加噪声

　　1　$\hat{\mathcal{L}}(w, \mathcal{D}) = \mathcal{L}(w, \mathcal{D}) + z$，其中 $\rho(z) \propto \exp\left(-\dfrac{n\varepsilon\lambda}{2} \| z \|\right)$

　　//对扰动后的目标函数求解最优模型参数

　　2　$\tilde{w}^* = \mathrm{argmin}_w \, \hat{\mathcal{L}}(w, \mathcal{D})$

　　3　**return** $\tilde{w}^*$

　　目标扰动同样要求目标函数连续、可微且为凸函数，以证明其满足差分隐私，故而该方法同样具有极大的局限性。Zhang 等人[8] 提出了一种多项式近似的方法，即利用泰勒展开式求解目标函数的近似多项式表达，并对各系数添加拉普拉斯噪声。尽管该方法被成功应用于逻辑回归模型中，然而由于求解近似多项式方法仅针对特定的目标函数，因此难以将该方法拓展到更通用的模型。

　　梯度扰动：指在梯度下降过程中对求得的梯度添加噪声，并利用扰动后的梯度更新模型参数。为保证算法的计算效率，实际应用中常采用小批量梯度下降（Mini-Batch Gradient Descent，MBGD）方法，即每次迭代过程仅利用小批量的样本进行参数更新。梯度扰动过程如算法 3 所示。

算法 3：梯度扰动

输入：训练数据集 $\mathcal{D} = \{(x_i, y_i)\}_{i \in [n]}$；第 t 次迭代时抽样的小批量样本 B_t 和学习率 η_t

输出：最优隐私模型参数 $\tilde{w}^*$

　　1　初始化模型参数 w_0；

　　2　**for** $t = 0 \ to \ T-1$ **do**

　　3　　　随机采样小批量样本 B_t；

　　　　　// 对梯度添加随机噪声

　　4　　　$\tilde{\nabla}\mathcal{L}(w_t) = \dfrac{1}{b}\left(\sum_{(x_i, y_i) \in B_t} \nabla \ell(w_t, (x_i, y_i)) + z_t\right)$，其中

　　　　　$\rho(z_t) \propto \exp\left(-\dfrac{n\varepsilon\lambda}{2} \| z \|\right)$；

　　　　　// 利用扰动后的梯度进行梯度下降

　　5　　　$w_{t+1} = w_t - \eta_t \, \tilde{\nabla}\mathcal{L}(w_t)$；

　　6　**return** $\tilde{w}_T^*$

例 7-1　下面以逻辑斯谛回归（logistic regression）为例说明输出扰动、目标扰动和梯度扰动 3 种方式下添加噪声的差异。

逻辑斯谛回归是机器学习中的经典分类模型，形式为参数化的逻辑斯谛分布（logistic distribution）。以二分类任务为例，给定训练样本 $\mathcal{D} = \{(\boldsymbol{x}_i, y_i)\}_{i \in [n]}$ 且 $y_i \in [1, -1]$，逻辑斯谛回归可表示为如下的概率分布：

$$P(Y = y_i \mid X = \boldsymbol{x}_i) = \sigma(y_i \boldsymbol{w}^{\mathrm{T}} \boldsymbol{x}_i) = \frac{\exp(y_i \boldsymbol{w}^{\mathrm{T}} \boldsymbol{x}_i)}{1 + \exp(y_i \boldsymbol{w}^{\mathrm{T}} \boldsymbol{x}_i)}$$

$$= \sqrt{\sigma(y_i \boldsymbol{w}^{\mathrm{T}} \boldsymbol{x}_i)^{(1+y_i)} + (1 - \sigma(y_i \boldsymbol{w}^{\mathrm{T}} \boldsymbol{x}_i))^{(1-y_i)}} \qquad (7.2)$$

其中，$\sigma(\cdot)$ 表示 Logistic 函数（也称 Sigmoid 函数）。利用极大似然估计法构建样本的对数似然函数

$$\log \mathcal{L}(\boldsymbol{w}) = \log \prod_{i \in [n]} P(Y = y_i \mid X = \boldsymbol{x}_i)$$

$$= \sum_{i \in [n]} \left[-\log(1 + \exp^{-y_i \boldsymbol{w}^{\mathrm{T}} \boldsymbol{x}_i}) \right] \qquad (7.3)$$

设经验风险最小化的目标函数为对数似然函数的相反数，同时计算样本的平均损失，以避免样本量对结果的影响。为保证目标函数为凸函数，选择 L_2 范数作为正则化项，如式（7.4）所示。

$$\mathcal{L}(\boldsymbol{w}) = \frac{1}{n} \sum_{i \in [n]} \log(1 + \exp^{-y_i \boldsymbol{w}^{\mathrm{T}} \boldsymbol{x}_i}) + \frac{\lambda}{2} \| \boldsymbol{w} \|_2^2 \qquad (7.4)$$

本章参考文献[9]证得，当 $\| \boldsymbol{x}_i \|_2 \leqslant 1$ 时：

- 目标函数输出结果的敏感度为 $\dfrac{n\lambda}{2}$，故随机噪声 $\boldsymbol{z}$ 服从参数为 $\beta = \dfrac{n\lambda\varepsilon}{2}$ 的概率分布时，输出扰动方法满足差分隐私；

- 目标函数的敏感度为 $\dfrac{n}{2}$，故随机噪声 $\boldsymbol{z}$ 服从参数为 $\beta = \dfrac{n\varepsilon}{2}$ 的概率分布时，目标扰动方法满足差分隐私；

- 目标函数梯度的敏感度为 $\dfrac{n}{2}$，故随机梯度下降过程每次迭代添加的随机噪声 $\boldsymbol{z}_t$ 服从参数为 $\beta = \dfrac{n\varepsilon}{2}$ 的概率分布时，梯度扰动方法满足差分隐私。

7.4　深度学习的隐私保护

相比于结构简单的传统机器学习模型，深度学习模型往往是一个复杂的非线性结构，故目标函数是一个非凸函数，采用梯度下降法求解最优模型，不仅存在参数量大、算法收敛慢和局部最优等问题，迭代优化过程同时不可避免地需频繁访问训练数据，"过参数化"（over-parameterized）的模型结构更易产生过拟合问题，使隐私保护的深度学习面临更大的挑战。

7.4.1　隐私算法设计

1. 输出扰动

Papernot 等人[10] 提出基于知识迁移的 PATE（Private Aggregation of Teacher Ensemble）框架，在构建集成模型的基础上利用输出扰动机制，从而实现深度学习的隐私保护。该方法主要通过引入"学生"模型和多个"教师"模型，实现了将底层数据与用户访问接口隔离。该方法具体可概括为 3 步：第一步，将训练数据集不相交地划分为 N 个子集，并独立训练得到 N 个"教师"模型；第二步，对任意一个待测样本，每个"教师"模型的预测结果视为一次投票，在投票的过程中对投票结果添加噪声，基于噪声结果汇总得到票数最高的预测结果；第三步，用"教师"模型标注的数据集训练"学生"模型，最终使用该"学生"模型进行后续的预测任务。

PATE 实现了在不暴露敏感数据的情况下间接训练一个可公开的模型，从而有效防御模型反演攻击。不过在某些特殊情况下，如绝大多数"教师"模型的预测结果一致，此时输出扰动机制并不足以有效防御个体隐私泄露。

2. 梯度扰动

与 7.3 节讨论的传统机器学习中的梯度扰动相比，对深度学习而言，常常通过在随机梯度下降的迭代过程中向梯度添加服从高斯分布的随机噪声来保证深度学习算法满足差分隐私，其中最具代表性的便是差分隐私的随机梯度下降法（Differentially Private Stochastic Gradient Descent，DPSGD）[11]，如算法 4 所示。

算法 4：差分隐私保护的随机梯度下降法

输入：训练数据集 $\mathcal{D} = \{(x_i, y_i)\}_{i \in [N]}$；第 t 次迭代时抽样的小批量样本 B_t 和学习率 η_t

输出：最优隐私模型参数 w_T

　　1　初始化模型参数 w_0

```
2    for t=0 to T-1 do
3          以 L/N 的抽样概率随机抽取小批量样本 B_t
4          for x_i ∈ B_t do
                   // 对小批量样本中的每一条记录 x_i 计算梯度
5                  g_t(x_i) ← ∇_{w_t} L(w_t, x_i)
                   // 梯度截取
6                  ḡ_t(x_i) ← g_t(x_i) / max(1, ‖g_t(x_i)‖/C)，其中 C 为给定的梯度范数最大阈值
           // 梯度扰动
7          ḡ_t ← (1/L)(∑_i ḡ_t(x_i) + N(0, σ²C²I))
           // 梯度下降
8          w_{t+1} = w_t - η_t ḡ_t
9    return ẘ_T
```

7.4.2　隐私风险分析

训练深度学习模型时，数据隐私风险与模型可用性将更加难权衡。具体而言，若每次迭代都满足差分隐私，根据差分隐私基本组合定理，整个模型训练过程的累积隐私损失将与迭代次数成正比，这意味着全局隐私预算将非常大，从而失去隐私保护的意义。若要求隐私预算必须维持在某一较小的范围内，则每次迭代需添加更大的噪声，从而无法保障模型可用性。解决该问题的一种方法是对差分隐私的定义进行松弛，即适当降低满足隐私要求的标准，从而保证在累积隐私损失不变的前提下，减少添加的噪声量，提高模型可用性。

本章介绍几种常见的松弛差分隐私定义，这些定义都是在 ε-差分隐私的基础上演变而来的。基于这些定义，深度学习算法可进一步得到更严格的隐私风险分析。

定义 7.1　(ε,δ)-差分隐私. 对于任意两个邻接数据集 $D, D' \in \mathcal{D}$，给定随机算法 $f: \mathcal{D} \rightarrow \mathbb{R}$ 和任意的输出结果 $S \in \mathbb{R}$ 满足

$$\max_S \ln\left[\frac{\Pr[f(D) \in S] - \delta}{\Pr[f(D') \in S]}\right] \leqslant \varepsilon \tag{7.5}$$

则称算法 f 满足 (ε,δ)-差分隐私。

(ε,δ)-差分隐私[12] 是最早提出的一种松弛差分隐私定义，该定义中通过引入一个很小的非零实数值 δ 来表示违反差分隐私的概率，由此便可实现当添加同样大小的噪声时，(ε,δ)-DP 在一定的概率下具有更小的隐私损失。实际应用中，δ 一般可设为训练样本量的倒数。

定义 7.2　KL 差分隐私. 对于任意两个邻接数据集 $D, D' \in \mathcal{D}$，给定随机算法

$f:\mathcal{D}\rightarrow\mathbb{R}$和任意的输出结果$S\in\mathbb{R}$，若以下不等式成立：

$$D_{\mathrm{KL}}(f(D)\parallel f(D'))=\max_S\ln\left[\frac{\Pr[f(D)\in S]-\delta}{\Pr[f(D')\in S]}\right]\leq\varepsilon \tag{7.6}$$

则称算法f满足 KL 差分隐私。

KL 差分隐私是在(ε,δ)-差分隐私和 KL 散度（KL-divergence）的基础上提出的。KL 散度又称相对熵（relative entropy），可用来度量两个概率分布之间的差异。与(ε,δ)-差分隐私相比，KL 差分隐私仅让隐私损失的期望值——而不是——最大值，控制在一定范围之内，从而进一步放宽了隐私的要求。

定义 7.3 集中差分隐私(Concentrated Differential Privacy，CDP). 对于任意两个邻接数据集$D,D'\in\mathcal{D}$和随机算法$f:\mathcal{D}\rightarrow\mathbb{R}$，$D_{\mathrm{subG}}$为亚高斯散度（sub-Gaussian divergence）。若以下不等式成立：

$$D_{\mathrm{subG}}(f(D)\parallel f(D'))\leq(\mu,\tau) \tag{7.7}$$

则称算法f满足(μ,τ)-集中差分隐私。

在 CDP 定义中，隐私损失被视为一个服从亚高斯分布的随机变量，参数μ和τ分别决定该随机变量分布的均值和方差（集中度）。通过分析可得，若算法满足ε-DP，则满足$\left(\frac{\varepsilon(\mathrm{e}^\varepsilon-1)}{2},\varepsilon\right)$-CDP，反之不成立。

定义 7.4 零式集中差分隐私(zero-Concentrated Differential Privacy，zCDP). 对于任意两个邻接数据集$D,D'\in\mathcal{D}$和随机算法$f:\mathcal{D}\rightarrow\mathbb{R}$，$D_\alpha$为$\alpha$-Rényi 散度（$\alpha$-Rényi divergence）且满足$\alpha\in(1,\infty)$。若以下不等式成立：

$$D_\alpha(f(D)\parallel f(D'))\leq\xi+\rho\alpha \tag{7.8}$$

则称算法f满足(ξ,ρ)-零式集中差分隐私。

zCDP 是 CDP 的变种，在该定义下，隐私损失将紧紧围绕在零均值周围。通过分析可得，若算法满足ε-DP，则满足$\frac{\varepsilon^2}{2}$-zCDP。由于 Rényi 散度允许从 zCDP 直接映射到 DP，故可进一步推得，若算法满足ρ-zCDP，则满足$(\rho+2\sqrt{\rho\ln(1/\delta)},\delta)$-DP。

定义 7.5 Rényi 差分隐私 (Rényi Differential Privacy，RDP). 对于任意两个邻接数据集$D,D'\in\mathcal{D}$和随机算法$f:\mathcal{D}\rightarrow\mathbb{R}$，$D_\alpha$为$\alpha$-Rényi 散度（$\alpha$-Rényi divergence）且满足$\alpha\in(1,\infty)$。若以下不等式成立：

$$D_\alpha(f(D)\parallel f(D'))\leq\varepsilon \tag{7.9}$$

则称算法 f 满足 (α,ε)-Rényi 差分隐私。

相比于 CDP 和 zCDP，RDP 能够更准确地进行隐私损失的相关计算。若算法满足 ε-DP，则满足 (α,ε)-RDP；相反，若算法满足 (α,ε)-RDP，则满足 $\left(\varepsilon+\dfrac{\ln(1/\delta)}{\alpha-1},\delta\right)$-DP$(0<\delta<1)$。

结合上述松弛差分隐私定义，可以进一步减小深度学习模型训练过程中的累计隐私损失上界，得到更严格的组合理论分析。此研究工作的典型代表为 Dwork 等人[13] 提出的高级组合（advanced composition）定理和 Abadi 等人[13] 提出的基于 RDP 的 MA（Moments Accountant）机制。不可忽视的一点是，基于松弛差分隐私定义的保护方法的代价便是当模型受到成员推理攻击或模型反演攻击时，具有更大的隐私泄露风险。

7.5 小结

本章首先概述机器学习中的隐私问题，包括直接隐私泄露和间接隐私泄露。从机器学习算法的角度，现有的隐私保护技术大致可分为以同态加密为代表的加密技术，以差分隐私为代表的扰动技术和以安全多方计算、联邦学习为代表的协同计算框架。本章重点针对差分隐私技术，从统计机器学习和深度学习两个方面，对实现隐私保护的机器学习方法的设计与分析进行了讨论。与简单的统计性查询不同，对需多次迭代以寻找最优模型的机器学习任务而言，不仅要求设计合理的噪声添加机制使经验风险最小化过程满足差分隐私，而且对权衡累积隐私损失和模型可用性提出了更大的挑战。现阶段的研究工作一般从隐私损失的理论分析入手应对该挑战，在设计更松弛的差分隐私定义的同时，推导更严格的累计隐私损失上界。

需要注意的是，差分隐私方法在某些特定情况下仍存在不适用性。例如，差分隐私仅能实现单点的隐私保护，若不同记录之间存在关联，攻击者仍可以对满足差分隐私保护的算法实施推理攻击。假设社交网络中用户 A 与其他用户节点之间存在多条社交关系，这些关系在数据集中以多条记录的形式保存。差分隐私只能孤立地为每一条记录提供保护，而不能同时保护用户 A 的所有记录，达到完全隐藏其存在于社交网络之中的目的。而在实际场景下，只有当保证攻击者无法推测出个体是否参与了数据生成过程时，才真正意味着实现了个体隐私保护。

参考文献

[1] SHOKRI R, STRONATI M, SONG C, et al. Membership inference attacks against machine

learning models ［C］//Proceedings of the 38th IEEE Symposium on Security and Privacy. Piscataway：IEEE，2017：3-18.

［2］ FREDRIKSON M，LANTZ E，JHA S，et al. Privacy in pharmacogenetics：an end-to-end case study of personalized warfarin dosing ［C］//Proceedings of the 23rd USENIX Security Symposium. Berkeley：USENIX Association，2014：17-32.

［3］ FREDRIKSON M，JHA A，RISTENPART T. Model inversion attacks that exploit confidence information and basic countermeasures ［C］//Proceedings of the 2015 ACM SIGSAC Conference on Computer and Communications Security. New York：ACM，2015：1322-1333.

［4］ TRAMÈR F，ZHANG F，JUELS A，et al. Stealing machine learning models via prediction APIs ［C］//Proceedings of the 25th USENIX USENIX Security Symposium. Berkeley：USENIX Association，2016：601-618.

［5］张啸剑，孟小峰. 面向数据发布和分析的差分隐私保护 ［J］. 计算机学报，2014，37（4）：927-949.

［6］ DUCHI J C，JORDAN M I，WAINWRIGHT M J. Local privacy and statistical minimax rates ［C］//Proceedings of the 54th IEEE Annual Symposium on Foundations of Computer Science. Piscataway：IEEE，2013，429-438.

［7］叶青青，孟小峰，朱敏杰，等. 本地化差分隐私研究综述 ［J］. 软件学报，2018，29（7）：1981-2005.

［8］ ZHANG J，ZHANG Z，XIAO X，et al. Functional mechanism：regression analysis under differential privacy ［J］. PVLDB，2012，5（11）：1364-1375.

［9］ CHAUDHURI K，MONTELEONI C，SARWATE A D. Differentially private empirical risk minimization ［J］. Journal of Machine Learning Research，2011，12（2）：1069-1109.

［10］ PAPERNOT N，ABADI M，ERLINGSSON U，et al. Semi-supervised knowledge transfer for deep learning from private training data ［C/OL］//Proceedings of the 5th International Conference on Learning Representations. ［2022-09-07］. https：//openreview. net/pdf？id＝HkwoSDPgg.

［11］ ABADI M，CHU A，GOODFELLOW I，et al. Deep learning with differential privacy ［C］//Proceedings of the 2016 ACM SIGSAC Conference on Computer and Communications Security. New York：ACM，2016：308-318.

［12］ DWORK C，KENTHAPADI K，MCSHERRY F，et al. Our data, ourselves：privacy via distributed noise generation ［C］//Proceedings of the 25th Annual International Conference on the Theory and Applications of Cryptographic Techniques. New York：Springer，2006：486-503.

［13］ DWORK C，ROTHBLUM GN，VADHAN S. Boosting and differential privacy ［C］//Proceedings of the 51st IEEE Annual Symposium on Foundations of Computer Science. Piscataway：IEEE，2010：51-60.

第 8 章

联邦学习中的隐私保护

传统的机器学习架构要求数据需首先集中存储在中心节点，进而训练模型。此方式最为传统且易于落地，是目前工业界主流的应用架构。然而，随着大数据分析能力的不断增强，数据集中收集所暴露的隐私问题愈发引起人们的重视。一方面，不可靠的数据收集者可能主动或被动地泄露用户数据；另一方面，用户数据被收集后便不再受本人的控制，一旦发生数据泄露，也难以进行溯源和问责。

在第 7 章的基础上，本章进一步探讨联邦学习及其隐私保护问题。首先介绍联邦学习框架及其存在的隐私泄露隐患，并进一步对两类隐私保护的联邦学习方法加以概述，分别为基于差分隐私的联邦学习和基于安全聚合的联邦学习。联邦学习架构具备数据隐私保护的特质，其训练数据无须集中存放，不会产生由大规模数据收集带来的直接隐私泄露问题。然而研究表明，尽管联邦学习使用户拥有了个人数据的控制权，却依然无法完全防御潜在的间接隐私攻击。

8.1 引言

随着移动互联网与移动智能设备（如手机、平板电脑等）的高速发展，未来移动设备将成为技术创新和个人隐私保护的主战场。由于数据中包含了越来越多的个人敏感信息，早期将数据集中存储在单一节点进行机器学习的方式已不再可行，一方面在于海量数据的存储与计算对服务器要求极高，另一方面在于一旦个人数据被集中收集，人们便失去了对这些数据的知情权与控制权。为此，谷歌公司在 2017 年提出**联邦学习**[1-2] 的概念，试图实现将用户数据保留在设备本地的同时，仍能训练出满足可用性要求的全局模型，如定义 8.1 所示。目前联邦学习已在谷歌 Gboard 输入法中针对联想词和智能提示等功能进行了应用实践[3-4]。

定义 8.1　联邦学习. N 个边缘节点利用其各自的本地数据集 $D_1, \cdots, D_N$ 联合训练一个全局模型 $w \in \mathbb{R}^d$。在此过程中，各边缘节点的本地数据不会流向其他节点，仅通过将本地模型参数上传至中心节点进行信息交互。中心节点聚合各方信息后更新全局模型参数，并再次发送给各边缘节点用于下一轮训练，以此循环往复，最终得到收敛后的全局模型参数。

从系统架构的角度，联邦学习与早期分布式机器学习中的数据并行化非常相似，即由一个中心节点和多个拥有不同训练数据的边缘节点共同执行机器学习任务，如图 8.1 所示。其中，各个边缘节点在获取由中心节点发送的全局模型后独立训练，并将训练后更新的模型信息上传至中心节点；中心节点将所有上传的本地模型信息整合至全局模型，并再次将模型分发至各节点。如此迭代，直至中心模型收敛。

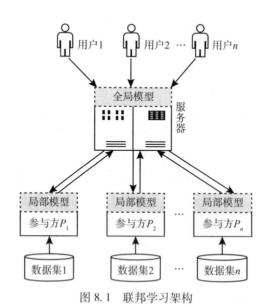

图 8.1　联邦学习架构

不过，从系统部署的角度，联邦学习与数据并行化的分布式机器学习却存在明显区别，主要体现在以下 4 个方面。

- **数据异构**。可以将传统数据并行化训练看作将中心节点的数据进行均匀切分后分配到不同的边缘节点中，故数据往往是独立同分布（Independent and Identically Distributed，IID）的。对联邦学习而言，各边缘节点更多以非独立同分布（Non-Independent-and-Identically-Distributed，Non-IID）的方式在本地生成和收集数据，故各方的数据量和数据分布往往存在较大差异，而这种差异是由参与者的多样性决定的，是不可控的。例如，对输入法应用程序而言，用户根据其个人属性，如国籍、年龄、职业等，往往产生不同分布的使用数据，这便为训练一个有效的输入词智能联想模型带来了挑战。

- **系统异构**。由于硬件（CPU、内存）、网络连接（3G、4G、5G、Wi-Fi）和电源（电池电量）的不同，联邦学习架构中每个边缘节点的存储、计算和通信能力存在明显的异构性。除此之外，由于连接性或电量等系统因素的限制，训练过程中的活跃节点通常仅占全部边缘节点的一小部分，且极易出现突然掉线等问题，对联邦学习的容错率和鲁棒性提出了更高的要求。

- **通信受限**。联邦学习同样具有传统分布式机器学习存在的通信问题，另外，受到硬件的限制和制约，移动场景面临更高的通信要求，如设备必须在接入无线网络以及充电状态下才能参与模型训练。

- **超大规模的分布式网络**。随着移动设备覆盖率持续增长，诸如 Meta、微信等热门应用程序的月活跃用户已超 10 亿，此类应用场景中分布式网络的节点数量甚至远多于节点中存储的数据量，这种规模对传统分布式机器学习而言是难以实现的。

联邦学习可从不同角度加以分类。根据参与者类型，可分为跨设备联邦学习（cross-device）和跨机构联邦学习（cross-institution，或跨数据中心联邦学习 cross-silo[1]），表 8.1 从不同的方面对比了两者的主要区别。

表 8.1　跨设备联邦学习与跨机构联邦学习对比

	跨机构联邦学习	跨设备联邦学习
边缘节点类型	企业、组织或机构，本地数据集一般由其用户群体的个人数据构成，样本量较大	智能手机、平板电脑等移动设备，本地数据集一般由设备用户的使用数据构成，样本量较小
边缘节点规模	可容纳 2~100 个边缘节点	高度并行化，可容纳高达 10 亿个边缘节点
设备稳定性	稳定性强，几乎能保证稳定在线	稳定性差，某一时段仅小部分参与者保持在线，且极易出现突然掉线等问题
可寻址性	可寻址，即一般为单个边缘节点分配唯一的标识符，并允许中心节点进行特定访问	不可寻址，即一般不会为单个边缘节点分配唯一标识符，从而服务方无法特定访问某个边缘节点
系统瓶颈	计算代价与通信受限	更多体现在通信受限上

根据训练数据样本及特征，联邦学习还可分为横向联邦学习（Horizontal Federated Learning，HFL）、纵向联邦学习（Vertical Federated Learning，VFL）及联邦迁移学习（Federated Transfer Learning，FTL）[5]，如图 8.2 所示。

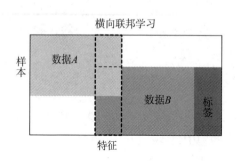
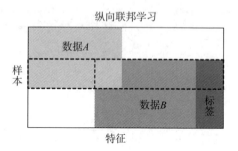

图 8.2　联邦学习分类体系

- 横向联邦学习：各边缘节点的数据特征重合度高或完全一致，而样本不同，即可将各方数据视为由一张二维总表进行横向切割后得到的，故也称为按样本划分的联邦学习（Sample-Partitioned FL）。例如，同一家银行在不同地区的金融数据特征往往保持一致，但客户重合度很低。
- 纵向联邦学习：各边缘节点的数据特征重合度低，而样本重合度高，即可将各方数据视为由一张二维总表进行纵向切割后得到的，故也称为按特征划分的联邦学习（Feature-Partitioned FL）。例如，同一地区不同银行的客户群体一般具有较高的重合度，但金融数据特征却存在较大差异。
- 联邦迁移学习：各边缘节点的数据特征和训练样本的重合度都比较小。迁移学习的目标是当利用原特征域的标签预测目标域的标签时，最小化预测错误率。

隐私保护既是联邦学习的出发点，更是现阶段关于联邦学习的一个重要研究点。尽管模型训练不再需要集中收集数据，大大缓解了数据隐私直接泄露的问题。然而，在各参与方共享梯度信息的过程中，仍然存在间接泄露其训练数据中敏感特征的风险。8.2 节将讨论联邦学习中的隐私问题，8.3 节和 8.4 节将分别介绍两类针对联邦学习的隐私保护方法，即基于差分隐私的联邦学习和基于安全聚合的联邦学习。

8.2　隐私保护的联邦学习架构

联邦学习抛弃了传统的数据集中收集过程，通过各边缘节点共享模型更新信息（例如梯度），从而大大缓解了数据直接泄露问题，然而间接隐私泄露的风险依然存在。与第 7 章中介绍的机器学习中的隐私问题相似，联邦学习中的隐私问题同样表现在两个方面。

1）在模型训练阶段，由于系统中参数交互导致的数据隐私泄露。在联邦学习架构中，参与方和服务方均有可能作为攻击者窃取其他参与方的隐私信息。若中心节点是好奇或恶意的，参与方将本地模型参数上传到中心节点的服务器后，便可通过这些参数信息逆向推断参与方的本地数据特征或其他隐式信息。若其他参与方是好奇或恶意的，便可通过接收服务方发送的聚合信息监听或窃取全局模型，或者通过数据投毒攻击破坏全局模型的可用性。此外，恶意参与方可以和其他参与方甚至服务器共谋，联合推导其他参与方的数据信息。

2）在模型预测阶段，由于模型的泛化能力不足导致的数据隐私泄露。若机器学习模型泛化能力较弱，则在模型预测阶段遇到某些训练集中出现过的数据时，其输出结果与在训练集中未出现过的数据有明显不同。不可信的用户通过和模型多轮交互，识别某条记录是否属于训练集，若训练集数据较敏感（例如，训练集是某种疾病患者的数据集），则会导致个人数据隐私泄露。

在讨论如何设计隐私保护的联邦学习架构之前，我们首先介绍联邦学习的形式化表示以及一种最经典的联邦学习算法——联邦平均（Federated Averaging，FedAvg）。

回顾第 7 章提到的机器学习模型训练中常用的经验风险最小化策略，在联邦学习框架下，同样可遵循该策略寻找最优模型。不同的是，此时的目标函数不再是模型在集中训练数据集上的经验风险，而是模型在各边缘节点的本地数据集上经验风险的加权平均。令 $D = \bigcup_{i \in [N]} D_i$ 表示逻辑上的全部训练数据，则联邦学习目标函数如式（8.1）所示。

$$\mathcal{L}(\boldsymbol{w}, D) = \sum_{i=1}^{N} p_i \mathcal{L}_i(\boldsymbol{w}, D_i)$$

$$\mathcal{L}_i(\boldsymbol{w}, D_i) = \mathbb{E}_{(\boldsymbol{x}, y) \sim \mathcal{P}_i} \left[\ell(f(\boldsymbol{w}, \boldsymbol{x}), y) \right]$$

$$= \frac{1}{|D_i|} \sum_{(x_j, y_j) \in D_i} \ell(f(w, x_j), y_j) \tag{8.1}$$

由此，通过最小化平均经验风险，即可求得最优全局模型 $w^* = \mathrm{argmin}_w \mathcal{L}(w, D)$。其中，$\ell(f(w, x), y)$ 为评估模型使用的损失函数，如平方损失、交叉熵损失等。$\mathcal{P}_i$ 表示第 i 个边缘节点的本地数据分布。在实际情况下，$\mathcal{P}_i$ 对于不同边缘节点是不同的，不过在研究中为简化问题、方便分析，常常假设数据是独立同分布的，即各节点具有相同的 $\mathcal{P}_i$。

　　求解联邦学习下的经验风险最小化问题时同样可利用梯度下降法，其中的典型代表为联邦平均。该算法的主要思想为：中心节点通过加权平均各边缘节点基于各自训练数据得到的模型参数或参数更新值，来更新全局模型，如算法5所示。由于联邦平均算法是现今接受度最高的联邦学习方法，且基于该算法也衍生出一系列变种，故后续章节若无特别说明，将默认联邦学习是基于联邦平均算法实现的。

算法 5：联邦平均[2]

输入：第 i 个边缘节点 C_i 的训练数据集 D_i；第 t 次迭代时抽样的小批量样本 B_t 和学习率 η_t；全局训练轮数 T；每轮训练在边缘节点上本地迭代次数 K；参与每轮训练的边缘节点数 M

输出：最优全局模型参数 w^*

```
 1    中心节点 全局协调：
 2        w₀ ←（随机初始化全局模型参数）
 3        for t = 0 to T-1 do
             //随机抽样本轮训练的参与者
 4            S_t ←（参与本轮训练的 M 个边缘节点集合）
             //各边缘节点在本地更新模型
 5            foreach C_i ∈ S_t do 并行执行
 6                Δw_t^i ← 本地更新(w_t)
             //聚合并更新全局模型参数
 7            Δw̄_{t+1} ← (1/|S_t|) Σ_{C_i ∈ S_t} Δw_t^i
 8        return w_T

 9    边缘节点 C_i 本地更新：
10        w_{t,0} ← w_t
11        for k = 0 to K-1 do
12            随机采样小批量样本 B_k ∈ D_i
             //梯度下降
13            w_{t,k+1} = w_{t,k} - η_t ∇L_m(w_t, B_k)
14        return w_{t,K}
```

目前学术界已提出多种隐私保护的联邦学习架构，其中最为典型的有两类：基于差分隐私的联邦学习和基于安全聚合的联邦学习。这两类架构均基于中心节点是半可信或不可信实体的假设设计的，如图 8.3 所示。

- 基于差分隐私的联邦学习[6-7]：基于噪声添加机制，各边缘节点在将模型信息上传到中心节点时添加服从特定分布的随机噪声，从而令整个训练过程满足差分隐私。由于噪声的添加势必会影响全局模型的收敛速度和可用性，因此研究的关键是如何在保证隐私保护度的情况下减少噪声。
- 基于安全聚合的联邦学习[8]：基于秘密共享机制，设置一个可信实体将边缘节点待上传的模型参数进行分割、交换、重构之后发送给中心节点。由于联邦学习过程往往通信轮数较多，因此研究的关键在于如何降低通信代价。

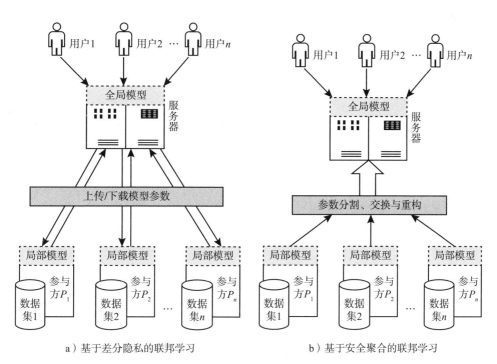

a）基于差分隐私的联邦学习　　　　b）基于安全聚合的联邦学习

图 8.3　隐私保护的联邦学习架构

8.3　基于差分隐私的联邦学习

实现基于差分隐私的联邦学习本质上延续了 7.4 节介绍的集中式机器学习中的差分隐私保护方法。由于原始数据一直存储在边缘节点，数据直接泄露的风险大大降低；此外，中心节点与边缘节点之间主要交换模型参数，故输入扰动和输出扰动已不再是研究者重点关注的对象，而是更多地利用梯度扰动机制设计并实现隐私保护的联邦学习框架。

假设中心节点是可信的，可以通过对本地模型的聚合结果添加随机噪声，从而防止恶意边缘节点利用全局模型信息推测出其他节点的本地数据；当中心节点不可信时，加噪过程则需在边缘节点处实现，以保证本地数据不会因传递的模型信息而被中心节点或其他边缘节点推测得到，如图8.4所示。图中，P 表示参与方，w 为各个参与方本地模型的参数，η 表示各个参与方添加的随机噪声。

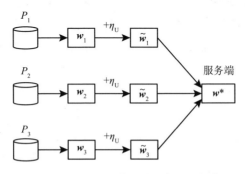

图 8.4　基于差分隐私的联邦学习架构

由于联邦平均算法本质上是将梯度下降过程在不同的节点上并行处理，因此噪声添加机制的设计与分析和集中式机器学习情况下并无二致，该部分内容已在 7.4 节中进行过讨论，此处不再赘述。需要注意的是，对各参与节点而言，其整个训练过程中隐私损失应按照串行组合定理加以分析，即随着迭代次数的增加，隐私损失会逐渐增大；但对整个联邦学习过程而言，总体隐私损失应按照并行组合定理加以分析，即等于所有参与节点中的最大隐私损失。

基于差分隐私的联邦学习设计简单、易于部署，计算量小，但由于添加了额外的随机噪声，势必会影响模型的收敛速度，同时会明显降低模型的可用性。因此在联邦学习领域，如何在保证本地参数隐私保护程度不变的前提下，减少添加的噪声量，依然是应用差分隐私方法时亟待解决的一大关键研究问题。

8.4　基于安全聚合的联邦学习

与基于差分隐私的联邦学习不同，基于安全聚合的方法主要通过同态加密或秘密共享的方式实现。该方法不添加额外噪声，允许参数以加密或分割存储的形式流通，同时保证中心节点处聚合结果的准确性，故该方法不会影响模型的可用性。

（1）同态加密实现参数安全聚合

7.2 节介绍了同态加密（HE）的基础知识，其本质是一种加密函数，能够保证在密文上进行加法或乘法运算后的结果解密后与在明文上计算得到的结果是等价的。图 8.5a 展示了利用同态加密实现参数安全聚合的联邦学习架构。总体而言，实现联邦学习的参数安全聚合主要包含如下 4 个步骤。

1）密钥生成：参与方随机选择各自的私钥，通过计算得出公钥。

2）模型训练：参与方各自在本地数据上做局部模型训练得到梯度值。

3）数据处理：数据处理阶段对梯度值进行 Paillier 加密或其他形式的同态加密。

4）参数聚集：服务器在加密的参数上进行聚合，再将聚合后的参数分发给参与方。

应用同态加密能够有效保证边缘节点在向中心节点上传参数时参数信息的私密性。不过，正如 7.2 节中提到的，同态加密方法在计算代价方面的存在显著的劣势，从而难以在实际应用中落地。

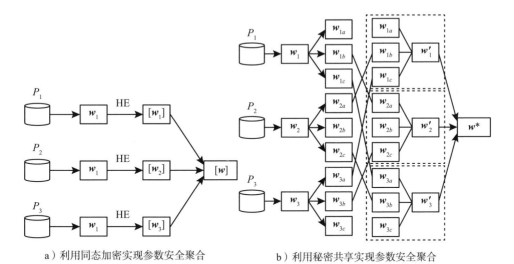

a）利用同态加密实现参数安全聚合　　　　　　b）利用秘密共享实现参数安全聚合

图 8.5　基于安全聚合的联邦学习架构

（2）秘密共享实现参数安全聚合

秘密共享（secret sharing）是实现安全多方计算（Secure Multiparty Computation，MPC）的一种常用技术，其定义如下所示。

定义 8.2　秘密共享. 将某个秘密 s 拆分成 n 份，保证当且仅当拥有 t 份份额时才能够重构出 s，除此之外任何 $t-1$ 份均无法重构。

利用秘密共享技术实现参数安全聚合的主要过程如图 8.5b 所示。概括而言，该方法主要包括 3 步。

1）各边缘节点将本地训练后得到的模型参数 w_i 分解为多个份额，分别表示为向量 $\{w_{ia}, w_{ib}, w_{ic}, \cdots\}$。

2）各边缘节点两两交换份额，保证均能持有自己的其中一份份额。

3）各边缘节点在本地对持有的份额进行局部聚合后发送给中心节点，中心节点进一步进行全局聚合，得到 w^*。

除上述方法之外，也可使用一次性掩码对本地模型加密。令随机变量 $s_{u,v}$ 为任意一对边缘节点 (u,v) 的加密参数，其中节点 u 将其本地模型参数 w_u 与该随机向量相加，节点 v 将其本地模型参数 w_v 与该随机向量相减，从而保证服务器收到的每一对边缘节点的加密参数值之和为真实的参数值之和。式（8.2）分别展示了边缘节点 u 发送给服务器的加密模型参数 y_u，以及中心节点聚集加密参数后得到真实聚合结果 z 的过程。

$$y_u = w_u + \sum s_{u,v} - \sum s_{u,v} (\text{mod } R)$$
$$z = \sum_{u \in U} y_u = \left(w_u + \sum s_{u,v} - \sum s_{v,u}\right) = \sum_{u \in U} w_u (\text{mod } R) \tag{8.2}$$

尽管上述方法能够在联邦学习过程中保证参数的高隐私性，但同时具有两个明显缺陷。第一，通信代价高。联邦学习的每一轮训练过程都要求每一对边缘节点两两交换参数份额或加密参数，该方式将产生高昂的通信代价。第二，容错能力差。在联邦学习过程中，边缘节点随机离线的情况时有发生，若某一节点在与其他节点交换信息后离线，无法成功将其参数发送给中心节点，则导致最终无法得到一个正确的聚合结果。同时，若存在某个边缘节点是恶意攻击者，通过恶意上传模型参数，也将严重破坏模型的可用性。

8.5 个性化隐私保护与联邦学习

在隐私保护研究中，由于数据的来源与类型不同，势必存在各个数据拥有者对于数据隐私保护程度的多样性需求。对全部数据进行相同程度的隐私保护存在以下两大缺陷。

第一，同等程度的隐私保护无法满足不同敏感程度的数据的需求。例如在数据收集场景下，诸如疾病、地理位置等敏感属性可以通过进一步构造如图 8.6 所示的树状分类体系对原始属性值进行模糊[9]，例如将"流行性感冒"模糊为"呼吸系统疾病"，将"艾滋病"模糊为"免疫系统疾病"。然而，人们大多将流行性感冒视为一种常见病，并不认为这很敏感；而艾滋病由于过于敏感，即使被模糊为"免疫系统疾病"也无法保证足够的隐私性。

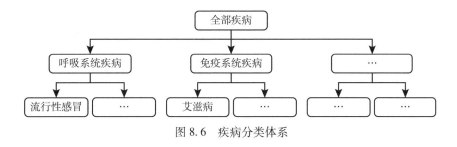

图 8.6　疾病分类体系

第二，同等程度的隐私保护无法满足不同隐私偏好的数据拥有者的需求。现今应用差分隐私技术实现数据隐私保护的服务提供商，如谷歌、苹果等，均采用自主设置隐私参数的方式，即数据隐私保护程度的大小由服务提供商决定。事实上，服务提供商为了保证最终输出结果的可用性，一般不会将隐私保护程度设置得过大，这在一定程度上无法满足大多数数据拥有者的隐私保护要求。

基于分布式架构的联邦学习框架使数据拥有者能够掌控自己的个人数据，为在机器学习场景下实现个性化隐私保护创造了条件。个性化隐私保护与联邦学习的结合衍生出三个关键研究问题，分别为个性化隐私保护的联邦学习、隐私保护的个性化联邦学习以及个性化隐私保护的个性化联邦学习。其中，个性化联邦学习指根据参与方本地数据分布的差异，最终为每个参与方训练各自的个性化模型。本章将在 8.5.1 节概述个性化隐私保护的相关知识。由于目前尚未出现能够有效解决后两个问题的研究工作，故本章将在 8.5.2 节重点介绍第一个问题。

8.5.1　个性化隐私保护

个性化隐私保护（personalized privacy），顾名思义，指各个数据拥有者可以独立、自主地设定自己的隐私偏好。早期已有研究工作提出基于 k-匿名技术的个性化隐私保护方法[9]，然而 k-匿名存在诸多隐私泄露隐患，已逐渐被当前学术界所淘汰，故本节不对其加以讨论，而是重点介绍基于差分隐私技术的个性化隐私保护方法。

个性化差分隐私保护方法研究使各个数据拥有者能够借助自主设定的差分隐私参数，即 ε，来保证其个人数据的隐私性。在数据发布场景下，服务提供商的主要任务是基于从数据拥有者中收集到的数据进行统计分析查询，如计算统计直方图等。本节介绍两种应用于该场景下的个性化隐私定义，即个性化差分隐私和个性化本地差分隐私，两者的区别在于数据扰动过程是否在本地端进行。

（1）个性化差分隐私

Jorgensen 等人[10] 首次提出个性化差分隐私（Personalized Differential Privacy, PDP）的概念，如定义 8.3 所示。该定义保证了数据发布阶段，数据集中任意数据拥有者 $u \in U$ 的数据都满足特定的差分隐私保护⊖。

定义 8.3 Φ-个性化差分隐私(Φ-PDP). 给定 n 个数据拥有者的隐私偏好 $\Phi = \{\varepsilon_1, \cdots, \varepsilon_n\}$，对于任意的数据拥有者 $u \in U$ 和邻接数据集 $D, D' \in \mathcal{D}$，$D' = D \cup \{u\}$，若随机算法 $f: \mathcal{D} \rightarrow \mathbb{R}$ 和任意的输出结果 $S \subset \mathbb{R}$ 满足

$$\Pr[f(D) \in S] \leqslant e^{\Phi^u} \Pr[f(D') \in S] \tag{8.3}$$

则称算法 f 满足 Φ-个性化差分隐私。其中，Φ^u 为 u 的隐私偏好。

实现个性化差分隐私的一种最简单的方式是让所有数据拥有者都满足"最强隐私保护"，这称为最小值机制（minimum mechanism），即对任意一条数据均满足 $\varepsilon_{\min}$-差分隐私，其中 $\varepsilon_{\min} = \min_i \varepsilon_i$。然而，这种方法并没有实现真正意义上的个性化保护，同时，对于仅需弱隐私保护的数据，由于施加过度的扰动，输出结果的可用性大大降低。另一种实现方式为阈值机制（threshold mechanism），即选取所有隐私偏好高于阈值 ε_T 的数据构成一个子集，进而在这个子集的基础上应用差分隐私机制进行分析。

Jorgensen 等人[10] 在阈值机制的基础上提出了一种改进的采样机制（sample mechanism），同样设定一个隐私参数阈值 ε_T，并且按照如式（8.4）所示的采样概率对数据记录进行采样，进而在子集上应用差分隐私机制得到最终的输出结果。此方法的难点在于如何确定一个合适的阈值：阈值太大，会导致只能采样到较少的数据，带来较大的"采样误差"；相反，阈值太小，则逐渐退化为最小值机制，带来较大的"噪声误差"。

$$p_j = \begin{cases} 1, & \varepsilon_j \geqslant \varepsilon_T \\ \dfrac{e^{\varepsilon_j} - 1}{e^{\varepsilon_T} - 1}, & \varepsilon_j < \varepsilon_T \end{cases} \tag{8.4}$$

（2）个性化本地差分隐私

Chen 等人[11] 针对空间数据的位置隐私保护问题，首次提出个性化本地差

⊖ 此处假设数据集中一个用户仅对应一条数据记录，同时为避免符号冗余，u 同时指代用户及其数据记录。

分隐私（Personalized Local Differential Privacy，PLDP）的定义，如定义 8.4 所示。该定义建立在本地化差分隐私（Local Differential Privacy，LDP）概念的基础上，在数据拥有者将个人数据发送给不可信数据收集者之前，便对其进行不同程度的扰动。

定义 8.4　（τ，ε）–个性化本地差分隐私 [（τ,ε）–PDP]． 给定任意一个数据拥有者 $u \in U$ 的隐私偏好 (τ,ε)，对任意两个属性值 d，$d' \in \tau$，若随机算法 $f:\tau \to \mathbb{R}$ 和任意的输出结果 $S \in \mathbb{R}$ 满足

$$\Pr[f(d) \in S] \le e^{\varepsilon}\Pr[f(d') \in S] \tag{8.5}$$

称算法 f 满足 (τ,ε)–个性化本地差分隐私。其中，τ 称为数据拥有者 u 的安全区域（safe region）。

需要注意的是，该定义仅适用于满足图 8.6 所示的分类体系结构的数据属性域，例如针对"地址"属性，可以依据"国家–省–市–区–街道"的关系构建分类体系，进而将真实位置扰动为上一层级更大范围的区域，从而实现隐私保护。Chen 等人[11] 提出了一种实现个性化本地差分隐私的空间数据聚合框架（Private Spatial Data Aggregation，PSDA）。该框架整合了基于用户特定安全区域的聚类策略和个性化本地扰动机制，以更好地权衡数据隐私与输出结果的可用性。

机器学习本质上是一个通过多轮迭代求解最优模型参数的过程，与传统的数据发布场景的统计任务相比，这个过程更为复杂。针对数据集中学习框架，若基于扰动数据训练模型，则会对模型可用性造成极大影响。目前尚未提出有效的个性化隐私保护方法。不过，基于分布式架构的联邦学习框架使数据拥有者能够掌控自己的个人数据，为机器学习场景下实现个性化隐私保护创造了条件。下一节重点讨论联邦学习下个性化差分隐私方法的实现。

8.5.2　个性化隐私保护的联邦学习

回顾传统的联邦学习框架（如图 8.1 所示），服务提供方通过整合各参与方发送的本地模型参数（更新值）更新全局模型，并再次发送给各参与方，循环多次，直至全局模型收敛。自始至终，参与方（数据拥有者）的本地数据一直保留在本地。实现个性化差分隐私保护的联邦学习，一种直观的方式就是基于梯度扰动机制，让各个参与方在整个本地训练过程中满足不同程度的差分隐私保护，更具体地说，向本地模型参数添加服从不同参数的高斯随机噪声。Liu 等人[12] 将其形式化为联邦学习的异构差分隐私（heterogeneous differential privacy in federated learning），如定义 8.5 所示。不过，这种方式势必将导致服务端聚

合后的全局模型存在极大的偏差，致使模型难以收敛，严重影响模型可用性。

定义 8.5 联邦学习的异构差分隐私. 给定 n 个数据拥有者的隐私偏好 $\Phi = \{(\varepsilon_1, \delta_1), \cdots, (\varepsilon_n, \delta_n)\}$ 及各自的本地数据集 $D_u \in \mathcal{D}$，若随机算法 $f: \mathcal{D} \to \mathbb{R}$ 对任意的数据拥有者 $u \in U$ 满足 $(\varepsilon_u, \delta_u)$-差分隐私，则整个联邦学习过程满足 Φ-异构差分隐私。

解决上述挑战性问题的关键在于如何减少异构噪声对聚合模型所带来的偏差。Liu 等人[12] 提出了一种基于投影的联邦学习框架 PFA（Projected Federated Averaging），旨在通过将加噪参数投影到一个低维子空间中，实现降噪效果，从而尽可能地提升聚合模型的可用性。该算法的提出主要考虑到由于个体隐私偏好差异或外部激励等因素，用户可以分为"保守"与"开放"两类群体，而"开放"用户愿意接受弱隐私保护，从而这些用户的本地模型参数掺杂了较少的噪声。由此，可以利用"开放"用户群体的低噪声参数构造低维子空间，并将"保守"用户的高噪声参数投影到该子空间中，进而利用投影后的参数进行聚合。实验结果显示，该方法相较于基本的联邦聚合算法，能够有效保证模型收敛，并显著地提升模型预测准确度。

8.6 小结

本章进一步探讨了联邦学习及其隐私保护问题。隐私保护是提出联邦学习的出发点之一。尽管数据分布式存储大大缓解了直接隐私泄露的问题，然而各参与方共享本地模型信息同样存在间接隐私泄露隐患。本章介绍了两类针对联邦学习的隐私保护方法，即基于差分隐私的联邦学习和基于安全聚合的联邦学习。这两类方法各自具有不同的优缺点，前者难以保证模型隐私性与可用性的权衡，后者尽管能满足高隐私性，但却存在通信代价高昂、容错能力差等问题。探索合理的解决方案，从而有效权衡联邦学习过程的效率、隐私与可用性等，是当前研究工作中的一大关键问题。最后，本章还对实现个性化隐私保护的联邦学习问题进行了介绍。

参考文献

[1] KAIROUZ P, MCMAHAN H B, AVENT B, et al. Advances and open problems in federated learning [J/OL]. Foundations and Trends in Machine Learning, 2021, 14 (1-2): 1-210 (2021-06-23) [2022-09-09]. http: //dx. doi. org/10. 1561/220000008.

［2］MCMAHAN B，MOORE E，RAMAGE D，et al. Communication-efficient learning of deep networks from decentralized data［C/OL］//Proceedings of the 20th International Conference on Artificial Intelligence and Statistics. 2017：1178-1187（2017-04-10）［2022-09-07］. http：//proceedings. mlr. press/v54/tian17a.

［3］YANG T，ANDREW G，EICHNER H，et al. Applied federated learning：improving google keyboard query suggestions［EB/OL］.（2018-12-07）［2022-09-06］. https：//arxiv. org/abs/1812. 02903.

［4］HARD A，RAO K，MATHEWS R，et al. Federated learning for mobile keyboard prediction ［EB/OL］.（2018-11-08）［2022-09-09］. https：//arxiv. org/abs/1811. 03604.

［5］YANG Q，LIU Y，CHEN T，et al. Federated machine learning：concept and applications ［J］. ACM Transactions on Intelligent Systems and Technology，2019，10（2）：1-9.

［6］GEYER R C，KLEIN T，NABI M. 2017. Differentially private federated learning：a client level perspective［EB/OL］.（2017-12-20）［2022-09-09］. https：//arxiv. org/abs/1712. 07557.

［7］GIRGIS A，DATA D，DIGGAVI S，et al. Shuffled model of differential privacy in federated learning［C/OL］//Proceedings of the 24th International Conference on Artificial Intelligence and Statistics. 2021：2521-2529（2021-03-18）［2022-09-07］. https：//proceedings. mlr. press/v130/girgis21a. html.

［8］BONAWITZ K，IVANOV V，KREUTER B，et al. Practical secure aggregation for privacy-preserving machine learning［C］//Proceedings of the 2017 ACM SIGSAC Conference on Computer and Communications Security. New York：ACM，2017：1175-1191.

［9］XIAO X，TAO Y. Personalized privacy preservation［C］//Proceedings of the ACM SIGMOD International Conference on Management of Data. New York：ACM，2006：229-240.

［10］JORGENSEN Z，YU T，CORMODE G. Conservative or liberal？Personalized differential privacy［C］//Proceedings of the IEEE 31st International Conference on Data Engineering. Piscataway：IEEE，2015：1023-1034.

［11］CHEN R，LI H，QIN A K，et al. Private spatial data aggregation in the local setting［C］//Proceedings of the IEEE 32nd International Conference on Data Engineering. Piscataway：IEEE，2016：289-300.

［12］LIU J，LOU J，XIONG L，et al. Projected federated averaging with heterogeneous differential［J］//Proceedings of 48th International Conference on Very Large Data Bases，2022，15（4）：828-840.

第四篇

数据生态与数据治理

数据要素主要包括互联网应用、物联网设备、企业以及政府部门收集的数据等。随着计算机处理能力和人工智能算法的日益强大，数据量越大，所能挖掘到的知识就越丰富，数据要素的价值就越大。这进一步印证了实施数据资源的开放共享、不断完善数据交易和数据流通等标准和措施的重要性。然而，在数据发展的过程中，数据的产生方式及特征不断发生变化，对科学技术及社会产生了不同影响，进而发展出不同的伦理问题，而当下表现突出的是隐私问题、垄断问题与公平问题。对比国内外数据要素市场的发展现状，我国在培育数据要素市场方面仍处于早期发展阶段，面临诸多问题与挑战。

本篇旨在对数据要素的发展及治理问题进行概述。从数据发展的主线上看，数据从数值型的科学数据发展到结构化的企业数据、多样的个人数据，其应用领域由自然领域逐渐拓展至工程领域、社会领域，推动了不同门类新技术的产生，带来了前所未有的伦理挑战。对我国而言，完善数据要素市场是建设统一开放、竞争有序市场体系的重要部分，而数据透明则是未来数据治理的必经之路。

第 9 章

数据要素市场

大数据时代下，数据资源已成为一种与劳动、资本、土地等传统要素并列的新型生产要素，赋予数据新的地位与意义。数据交易和数据流通作为数据要素市场中最重要的活动，为整合数据资源提供了一个畅通渠道，打破了信息孤岛和信息壁垒，正逐渐成为促进国内外社会、经济和技术发展的新动力。

对我国而言，完善数据要素市场是建设统一开放、竞争有序市场体系的重要部分，是坚持和完善社会主义基本经济制度、加快完善社会主义市场经济体制的重要内容。深化数据要素市场化配置改革，促进数据要素自主有序流动，破除阻碍数据要素自由流动的体制机制障碍，推动数据要素配置依据市场规则、市场价格、市场竞争实现效益最大化和效率最优化，有利于进一步激发市场创造力和活力，贯彻新发展理念，最终形成数据要素价格市场决定、数据流动自主有序、数据资源配置高效公平的数据要素市场，推动数字经济发展质量变革、效率变革、动力变革。

9.1 引言

数字经济时代，大数据已成为一个国家重要的基础性战略资源，并对全球生产、流通、分配、消费活动以及经济运行机制、社会生活方式和国家治理能力产生重要影响，为国家提高竞争优势带来了新机遇。为充分发挥我国海量数据优势，激活数据要素潜能，加快实施传统产业的数字化转型，进而建设持续健康发展的数字经济、数字社会和数据政府，我国先后颁布了一系列重要文件。

- 2015 年 8 月，《促进大数据发展行动纲要》中指出"坚持创新驱动发展，加快大数据部署，深化大数据应用"已成为现代化的内在需要和必然选择，推动大数据发展和应用，对我国未来的社会治理、经济运行、民生服务、创新驱动和产业发展具有重要且深刻的意义。

- 2019 年 10 月，《中共中央关于坚持和完善中国特色社会主义制度 推进国家治理体系和治理能力现代化若干重大问题的决定》（以下简称《决定》）中指出推进数字政府建设，应加强数据有序共享，赋予数据新的地位与意义。

- 2020 年 3 月，《中共中央 国务院关于构建更加完善的要素市场化配置体制机制的意见》（以下简称《意见》）中明确提出"加快培育数据要素市场"，并从推进政府数据开放共享、提升社会数据资源价值、加强数据资源整合和安全防护三方面对构建统一、有效、规范的数据要素市场提出了意见。

- 2021 年 5 月，《数据价值化与数据要素市场发展报告（2021 年）》中提出建立"数据价值化"的"三化"框架，即数据资源化、数据资产化、数据资本化，分别用以激发、实现和拓展数据价值。其中，数据资产化指使数据在流通和交易过程中为数据拥有者和数据使用者带来经济效益，是数据要素市场发展的关键与核心。

数据被列为新型生产要素，意味着其已成为维持企业生产经营活动所必须具备的基本因素。**数据要素市场**是数据要素在交换或流通过程中形成的市场，既包括数据价值化过程中的交易关系或买卖关系，也包括这些数据交易的场所或领域⊖。当前，数据要素主要包括互联网应用、物联网设备、企业以及政府部门收集的数据等。随着计算机处理能力和人工智能算法的日益强大，数据量越大，所能挖掘到的知识就越丰富，数据要素的价值就越大。这进一步印证了实施数据资源的开放共享、不断完善数据交易和数据流通等标准和措施的重要性。9.2 节和 9.3 节将分别对数据交易和流通的基本内容加以介绍。

数据交易是数据要素市场中的基础活动之一，交易对象不仅局限于原始数据，还包括处理后数据及数据衍生的模型等产品。数据交易市场连接起数据拥有者、数据中间商和数据购买者，为整合数据资源提供了一个畅通渠道，打破

⊖ 《数据价值化与数据要素市场发展报告（2021 年）》。

了信息孤岛和信息壁垒。在数据市场中,海量、分散的数据通过汇聚流通,使数据的潜在价值得到激活。

数据流通指将数据按照一定规则从供应方传递到需求方的过程。与数据交易一样,数据流通在我国数据要素市场中同样重要。2018 年 4 月,中国信息通信研究院发布《数据流通关键技术白皮书》,这是国内首个关于"数据流通技术"的白皮书。白皮书中指出,目前我国在发展数据流通中的问题与挑战主要表现在数据资源、数据质量、数据定价和流通合规性四个方面。放眼整个国际社会,依法、合规、有序的数据跨境流通将是未来国际社会发展的主要方向之一,我们应在不违背个人隐私与国家安全的基础上,实现数据跨境流通的良性发展。

9.2　数据交易

数据交易连接数据拥有者、数据中间商和数据购买者,为整合数据资源提供了一个畅通渠道,打破了信息孤岛和信息壁垒。其中,数据拥有者主要指产生数据的个体,如用户在访问网站或使用应用程序时往往会隐式地产生大量浏览数据;数据购买者既可以指数据收集者,也可指购买原始数据或数据衍生品(如基于数据的查询分析结果、基于数据训练得到的机器学习模型等)的第三方。通过数据交易,海量、分散的数据得以汇聚流通,进而数据资产的潜在价值得到激活。

伴随着机器学习的迅猛发展,基于模型(数据产品)的数据交易愈发成为主流。在从数据到数据产品的过程中,如何获得更高质量的数据,进而从最少的数据中挖掘最大的价值是十分重要的任务。解决上述问题的关键在于合理的数据定价与利益分配。对数据准确定价一方面能有效获取高质量数据,进而开发高质量的数据产品;另一方面也能对数据提供者产生一定的激励作用,从而推动数据向高质量方向推进。

本节主要介绍三种数据交易框架,即免费交易框架、付费交易框架和模型交易框架。

9.2.1　免费交易框架

大数据时代,数据就是财富,是生产力、创造力和竞争力的体现。一方面,基于用户群体所产生的海量数据,服务提供商可以利用机器学习算法对群体或个体行为特征进行精准分析,借助广告投放等营销手段,进一步获取更多的商业利益;另一方面,企业、政府之间可以通过共享数据的方式丰富业务种类,进而共同获益。然而，现今我国仅从政策层面约束服务提供商的数据收集行为，如必须在用户使用前显式声明其数据收集行为，却仍未确定一套合理有效的技术手段改善当前混乱的数据收集现状。

对于数量庞大、种类繁杂的移动应用市场，违法违规收集使用个人信息的现象尤其严重。服务提供商普遍声称向用户提供免费服务，但却要求用户在使用其服务前必须允许其收集使用数据或其他权限信息，否则拒绝用户的正常使用。同时，尽管服务提供商告知了用户会收集其数据，但未说明收集哪些数据、何时收集等信息。

从绝大多数用户的角度来看，应用程序使用数据是一种"无关痛痒"的服务衍生品，为满足个人的使用需求，他们不得不"同意"交出个人数据，向这种"表面免费，实则用数据换取服务"的模式妥协。这种未加管控的数据收集模式暴露出严重的数据安全与隐私保护问题。用户被收集数据后便不再享有对该数据的控制权，而数据中包含的直接或间接敏感信息一旦被不可信收集者获取、利用或贩卖，都将对用户的财产甚至人身安全带来极大威胁。解决免费交易框架中隐私问题的一种方法是，服务提供商在收集用户数据时采用合理的隐私保护技术，如本地化差分隐私[1]。苹果公司宣称已将本地化差分隐私应用在 iOS 系统中进行诸如 Emoji 表情使用频率等统计分析任务。相较于传统的原始数据收集，此方法允许用户发送扰动后的数据从而起到了一定的数据隐私保护效果。然而，隐私保护程度的大小完全由服务提供商控制，这便意味着为追求统计结果的准确性，服务提供商在很大程度上不会主动设置一个很高的隐私保护程度。例如，根据苹果公司公开的技术报告⊖可知，其在实际应用中所设置的隐私保护参数大小较为保守，即用户发送的扰动值很大概率上与真实值相同。

9.2.2　付费交易框架

另一种改进上述免费交易框架的思路是，个人数据被视为用户的一种价值资产，从而将用户数据转换为等价收益，以改变传统的隐式收集用户数据的现状，本书称之为付费交易框架。此种框架的典型代表为 Pay-by-Data（PbD）[2]，其整体架构如图 9.1 所示。总体而言，Pay-by-Data 模型主要在数据拥有者（用户）与数据购买者（应用程序）之间增加了以下三个特定组件。

● 数据收集：利用数据收集组件，用户可以以一种安全的方式存储并管理

⊖　https://www.apple.com/privacy/docs/Differential_Privacy_Overview.pdf。

个人数据，同时允许其实时地发送新数据与检索历史数据。

- 数据定价：利用数据定价协议，服务提供商在发布应用程序时，不再通过金钱的形式进行标价，而是让用户用"数据"购买服务。如图 9.1b 所示，传统的数据定价方式是用户通过花钱购买应用程序来获取服务，而在用户使用过程中，服务提供商会潜在、持续地收集用户数据，从而"数利双收"。对 Pay-by-Data 而言，则直接将数据作为服务的交易对象。

- 认证机制：利用认证机制，移动应用程序对用户数据的访问和获取将由其加以控制，以保证移动应用程序收集的用户数据都严格满足定价协议所规定的范围和数量。

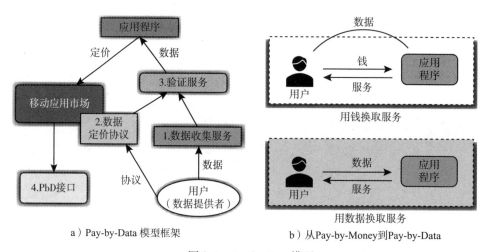

a）Pay-by-Data 模型框架　　　　b）从Pay-by-Money到Pay-by-Data

图 9.1　Pay-by-Data 模型

　　综上所述，付费交易框架允许用户数据知道哪些数据被收集，而这些用户数据的使用情况也可以显式地告知用户。同时，此模型使用户可以从数据交易中获得奖励，从而使用户对其数据拥有更大的控制权。

9.2.3　模型交易框架

　　免费交易框架和付费交易框架的交易主体是数据本身。在人工智能时代，机器学习模型同样可被视为一种重要的数据要素，成为数据交易中的一项重要组成部分，本书称此类框架为模型交易框架。除了数据拥有者和数据购买者外，模型交易框架还包括第三类主体：数据中间商[3]。绝大多数情况下，数据中间商承担连接数据拥有者和数据购买者的角色，负责将数据转化为数据产品，以及数据定价和利益分配等任务。此类框架的典型代表为 Dealer[3]，其数据交易流程如图 9.2 所示。

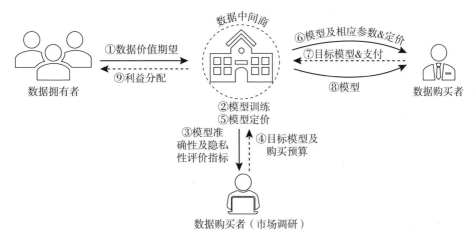

图 9.2 模型交易框架典型代表：Dealer

在 Dealer 中，数据拥有者预先向数据中间商提供一个其数据的价值期望函数，该函数表示若其个人数据被使用（如被选择用于机器学习模型的训练数据），则需向该拥有者支付的最小金额；数据中间商在充分调研数据市场、了解市场需求后向数据拥有者购买数据，并根据数据价值筛选最优用户数据，进而转化为多样化的数据产品后售卖给数据购买者；数据购买者选择要购买的目标模型并支付相应金额后，数据中间商将所获收益按照相应的数据价值期望函数分配给各个用户。

如何客观、系统、公平地量化单一数据的价值，对数据要素设定合理、可控、动态的定价机制，是模型交易框架面临的一个亟待解决的重要问题。目前已有多种数据价值评估方法被提出，其中典型的代表为留一法（Leave-One-Out，LOO），即将数据项存在与不存在训练数据中时模型准确度（accuracy）的差值作为衡量该数据项价值的指标。尽管留一法直观且易于接受，但依然存在弊端。例如，若数据集中存在数据项 p 及其拷贝值 p'，移除 p 后模型准确度也不会发生改变。此种情况下，留一法将无法有效评估数据价值。

沙普利值（Shapley Value）[4] 是合作博弈论中的一个经典概念，由 2012 年的诺贝尔经济学奖得主罗伊德·沙普利（Lloyd S. Shapley）提出，主要用来衡量合作博弈中每个参与者的贡献。沙普利值被证明是唯一满足对称性、有效性、冗余性和可加性的贡献衡量方法，因此也被广泛地在数据交易场景下用来评估数据的重要性或价值。实验表明，沙普利值的表现大大优于 Leave-One-Out 等其他价值评估方法。

定义 9.1　沙普利值. 令 $Z = \{z_1, \cdots, z_n\}$ 为数据集，$\mathcal{U}(\mathcal{S})$ 为数据项组成的联盟$\mathcal{S}$在效用函数$\mathcal{U}$下的效用值，则数据项 z_i 的沙普利值$\mathcal{SV}_i$定义为：

$$\mathcal{SV}_i = \frac{1}{n} \sum_{\mathcal{S} \in Z - \{z_i\}} \frac{\mathcal{U}(\mathcal{S} \cup \{z_i\}) - \mathcal{U}(\mathcal{S})}{\binom{n-1}{|\mathcal{S}|}}$$

不过，尽管沙普利值可以公平地衡量单个数据项的价值，但是获得准确的沙普利值需要枚举和计算每个成员对所有联盟的边际贡献。随着数据项数量的增加，其计算时间将成指数级增长，这对于评估大量的训练数据显然是不切实际的。解决该问题的常用策略是采用近似算法，其中最具代表性的是蒙特卡罗采样算法，其主要思想是通过随机抽样部分成员，并对该样本全排列后计算各数据项的边际贡献，经过多轮迭代后计算得到一个近似沙普利值。依据沙普利值，数据中间商便可据此衡量各用户数据项的价值，同时考虑数据成本因素，筛选出一个能够最优权衡数据总价值/总成本的训练数据集，用来进行模型训练。

9.3　数据流通

与数据交易相同，在当前大数据产业市场规模不断扩大的形势下，数据流通同样是激活数据资产潜在价值的重要手段。《数据流通关键技术白皮书》中指出，目前数据流通存在的问题与挑战主要表现在四个方面。

- 数据资源。高效的数据流通要求数据资源必须满足持续、多源、标准化等要求。然而事实上，当前多为单一供应方按照特定需求对数据进行处理后再发送给需求方，这种"需求个性化，供给单一化"的数据资源流通模式大大阻碍了数据流通过程中效率的提升。

- 数据质量。由于数据资源的特殊性，除存在缺失值等明显问题外，多数数据必须在实际使用后才能验证其质量。同时，不同数据源的数据质量参差不齐、质量衡量标准不一、质量评估体系不完备等问题也同样严重。

- 数据定价。数据要素作为流通商品，如何合理定价也是数据流通中亟待解决的关键问题之一。数据定价中的主要矛盾在于供方倾向基于数据加工成本进行定价，而需方则倾向于按照数据的贡献，导致难以形成一致认同的市场定价体系。

- 流通合规性。如何确保数据流通过程合法、合规、安全、隐私，是亟待解决的另一挑战，其中保证流通中信息安全与隐私保护愈发受到人们的重视。现今我国大多从政策制度方法对流通行为加以约束，尽管技术层面的安全与保护方法也在持续研究中，如安全多方计算、区块链、联邦学习以及可信执行环境等技术框架，但目前尚未出现一种高效且合理的方法能够真正落地应用。除此之外，还需考虑数据可流通范围、流通对象合法性、流通过程安全保障、使用授权等一系列问题。

从全球范围看，当前各个国家和地区对数据跨境流通持有不同的态度：欧盟以保护个人信息安全作为优先考虑的条件，对数据出境进行严格限制，并从立法层面确立个人数据保护的各项基本原则及相应的执行制度，如通过并实施《通用数据保护条例》；美国主要依赖行业自律，实现行业内自我规范和自我约束，在制度和立法层面干预较少；我国现阶段更多倾向于在东盟及"一带一路"相关国家范围内推动数据跨境流通的发展。

尽管将数据"闭关锁国"可以更好地保护个人隐私、商业机密以及保证国家安全，但允许数据跨境流动并不意味着让数据无序流动。从长远来看，在不违背上述基本要求的基础上，允许数据依法、合规、有序跨境流动将是未来国际社会发展的主要方向之一，原因有三点。

- 数据跨境流动是经济全球化的必然要求。在当前全球经济一体化和贸易全球化的国际形势下，若数据跨境流通遇到阻碍，跨国公司、跨境电商、全球供应链、全球服务外包等国际经济活动也将无法顺利进行。

- 数据跨境流动是国家科技创新的必然要求。人工智能时代，科技创新的主要特点是以数据为核心、以算法为引擎、以算力为支撑、以分布式为特征。若过于强调数据本地化，将不利于构建数字社会，促进科技创新与发展。

- 数据跨境流动是构建人类命运共同体的必然要求。新冠疫情在全世界传播进一步强调了世界各国应该加强在药物、疫苗、检测、防治等领域的合作，共享科研数据和相关信息，共商对策，互利共赢。

实现数据合理有序的跨境流通需注意以下几点。第一，关注个人数据隐私保护。个人数据被恶意利用和买卖，将对个人隐私、财产甚至人身安全造成严重威胁。第二，关注企业数据安全。企业作为国民经济的细胞和市场活动的主要参加者，是最主要的市场主体。若企业数据被泄露、监听和盗取，将造成企业商业机密、知识产权等被侵犯的严重后果，甚至威胁整个国家的数字产业竞争力。第三，关注国家基础数据的安全。石油、天然气管道、水、电力、交通、金融、军事、生物、健康、财税等领域数据具有高度敏感性，一旦被泄露或窃取，将严重威胁国家安全。

9.4　小结

　　本章首先介绍了数据要素以及数据要素市场的相关内容，旨在说明激活数据潜在价值、深化大数据发展、大力构建数据要素市场、建设持续健康发展的数字社会的重要性。

　　本章进一步介绍数据要素市场中的两个重要的基础活动——数据交易和数据流通。根据交易的对象和特点，数据交易框架主要可分为三类，即免费交易框架、付费交易框架和模型交易框架。前两类交易的主体为数据，区别在于免费交易框架表面上向用户提供免费服务，实则用数据换服务，由于用户无法对其个人数据进行监控和溯源，该框架存在严重的隐私问题。付费交易框架明确将用户数据视作一种资产，通过事先让服务提供商与用户制定数据交换协议的方式，来约束服务商隐式收集用户数据的行为，同时该模式允许用户数据以一种安全可控的方式进行存储。模型交易框架的交易主体为机器学习模型，由于交易的不再是原始数据，而是数据衍生品，数据的直接隐私泄露问题得到缓解，如何设定客观、系统、公平的数据定价和利益分配机制成为该框架的主要研究问题。

　　数据流通方面，我们主要讨论了国内数据流通与数据跨境流通两个方面。对国内数据流通而言，目前存在的主要问题表现在数据资源、数据质量、数据定价和流通合规性四个方面。对数据跨境流通而言，一大主要挑战是在追求有序跨境流通的同时必须将保障个人隐私与国家安全置于首要地位。我国目前在数据流通方面仍处于起步阶段，发展之路任重道远。

参考文献

［1］叶青青，孟小峰，朱敏杰，等. 本地化差分隐私研究综述［J］. 软件学报，2018，29（7）.

［2］WU C，HU S，LEE C H. et al. Multi-platform data collection for public service with Pay-by-Data［J/OL］. Multimedia Tools and Applications，2020，46（16）：33503 - 33518（2019-08-03）［2022-09-09］. https：//doi. org/10. 1007/s11042-019-07919-0.

［3］LIU J，LOU J，LIU J，et al. Dealer：an end-to-end model marketplace with differential privacy［J］. PVLDB. New York：ACM，2021，14（6）：957-969.

［4］SHAPLEY L S. Stochastic games［J］. Proceedings of the National Academy of Sciences，1953，39（10）：1095-1100.

第 10 章

数据垄断

在数据驱动的机器学习时代，各领域数字化进程的加速使数据量呈现爆炸式增长，海量数据通过机器学习等算法产生了巨大的社会价值，但同时也引发了诸多数据伦理问题。除上述系统阐述的隐私问题外，数据垄断问题亦至关重要。数据垄断是指少量数据寡头持有并控制海量数据的现象，研究结果显示，2018—2020 年三年来前 10% 的数据收集者获取了 99% 的数据。该现象的发生会造成自由竞争市场产生壁垒、消费者福利受损、信息安全和个人隐私风险增大、行业技术创新受阻等问题，因此，对数据垄断进行探究与治理必需且必要。

本章首先基于孟小峰团队发布的《中国隐私风险指数分析报告》，对当前我国移动应用市场数据垄断形势进行分析[1]。其次，在该基础上分析数据垄断成因与危害。最后，总结当前数据治理的三种模式，并提出数据透明是解决数据垄断问题的根本途径，是未来数据治理的必经之路。

10.1 引言

软硬件技术的发展推动了物联网应用的不断普及和部署，各领域的数字化进程也随之加速，例如现代农业、医疗、交通、商业等。个人或机构通过各种设备源源不断地产生大量数据，数据量呈现指数级增长。早在 2013 年，互联网数据中心（Internet Data Center，IDC）发布的《数字宇宙研究报告》已预估全球数据量平均以每年 58%的速度增长，2020 年全球数据总量将超过 40ZB。

　　同时数据本身具有价值，这是大数据的基本特征之一[2]。2012 年，奥巴马政府发布的《大数据研究和发展倡议》认为数据已成为战略性基础资源，2017年，《经济学人》杂志将数据类比为 21 世纪的石油，2020 年，《中共中央　国务院关于构建更加完善的要素市场化配置体制机制的意见》中将数据要素列为与劳动、资本、技术并列的生产要素。普华永道"2018 全球 100 大公司"排行榜显示，全球股票市值前五名公司中有四家均是数据驱动型的高科技公司。数据可产生的衍生价值难以估量，它可帮助企业优化产品和服务质量，也可用于定制化或个性化营销推广，如广告。数据作为数据驱动型高科技公司的盈利基础，更是其获取市场竞争优势的重要资源。

　　由此，围绕数据的争夺战也随之而来，比如顺丰和菜鸟对丰巢数据的争夺、华为和腾讯对微信数据的争夺、微博和脉脉对用户信息的争夺等。各领域数据化的同时也加速了数据争夺和数据聚集现象，目前大数据主要集中在双边市场的互联网科技公司。随着数据不断积累，各公司机构间出现数据持有量差异，甚至产生数据垄断的现象。

　　那么数据垄断是否真的存在？数据垄断一词最早源于 2007 年谷歌和DoubleClick 公司合并案中有关数据问题的并购审查，但目前仍未有明确的定义。在《迅捷行动，打破传统：Facebook、Google 和 Amazon 公司何以垄断文化、削弱民主》一书中，Jonathan 认为数字时代存在垄断，大数据公司（如 Meta、谷歌和亚马逊）由于控制海量数据而获取了巨大的市场份额和商业利润。

　　"垄断"即独占。相比于传统的行业垄断以市场支配地位认定"垄断"，数据垄断是一种新形式的垄断，它可从数据拥有、数据控制、数据流通、信息保护、数据收益等各个角度进行"垄断"性质的说明。鉴于目前工业界和学术界尚不能明确界定数据给企业带来的竞争优势和市场力量，本章仅从数据拥有与控制方面对数据垄断进行解释和研究。从数据拥有的角度出发，数据垄断是指少数几家公司持有并控制大量数据，这些少数公司被称为数据寡头。拥有海量数据的数据寡头可能具有较大的市场竞争优势及潜在的滥用市场支配地位可能性。目前全球各国市场监管和竞争执法部门均已注意到数据拥有和控制所引发的竞争垄断问题，并做出一系列调研报告和适用政策修订。其中，我国于 2019年 1 月首次将数据垄断纳入反垄断执法考量范围。

　　为深入研究当前中国的数据垄断局势，中国人民大学的孟小峰教授带领团队基于 3000 万真实用户数据和 30 万 App 数据对当前的数据收集情况进行了量化分析，并从 2018 至 2020 年连续三年发布《中国隐私风险指数分析报告》。报告结果显示，10%的数据收集者即可获取 99%的用户权限数据，说明当前数据垄断形势异常严峻！本章基于该显著结论，对数据垄断形势展开进行了深入的分析与探讨。之后，本章探讨了当前数据垄断的成因与危害。

面对如此严峻的数据垄断形势，对数据进行有效治理迫在眉睫。本章总结了当前主要的数据治理模式，包括在数据源头上进行的局部治理模式、在数据流通过程中建立的中介治理模式，以及从数据收集、流通、使用全局上进行监管的数据治理模型。但究其根本，数据垄断及其衍生的数据伦理问题产生的主要原因是数据收集、流通、使用过程中的不透明性。因此，本书提出数据透明应是未来数据治理的主题和必经之路！

10.2　数据垄断现状

数据垄断问题已经产生，那么数据垄断严重程度如何呢？为了对数据垄断问题进行研究，本节首先厘清数据生命周期中各数据相关方，阐明其定义。之后，基于中国人民大学孟小峰教授团队发布的《中国隐私风险指数分析报告》对当前中国数据垄断的现状做直观的介绍，揭示当前严峻的数据垄断形式。

10.2.1　定义与概念

为量化当前移动应用市场的数据垄断情况，中国人民大学孟小峰教授团队基于 3000 万真实用户数据和 30 万 App 数据，使用权限分析法对 2018—2020 年与三年大数据收集现状进行分析。为清晰表述该分析结论，这里首先阐明分析的主要对象。

- 数据生产者：产生数据的个人或机构，在移动应用场景中通常是指移动用户。
- 数据收集者：以主动或被动的方式收集数据的个人或机构，在移动应用场景中通常是指 App 开发商。
- 数据使用者：以任何形式处理或使用数据的个人或机构，在移动应用场景中它可以是数据收集者，也可以是通过数据流通、共享等方式获取数据的第三方。
- 数据监管者：在数据收集、流通、使用过中对数据进行合法监管的个人或机构，通常包括相关政府机构和可信第三方等。

数据寡头通常集数据收集者、数据处理者和数据使用者于一身，它们拥有并控制海量数据。目前数据寡头多为数据驱动型的高科技公司，尤其是移动互联网公司。

该分析主要考虑移动数据收集场景，即数据收集者通过移动应用程序请求的系统权限获取用户数据，包括用户设备上的系统信息、网络状态信息、GPS 位置信息及通信录等用户个人信息。基于权限分析法，该分析统计数据收集者通过请求权限获取的用户数据，不包含用户在使用 App 提供的服务时产生的操作数据。分析结果显示，当前移动应用市场数据垄断形势十分严峻，10%的数据收集者可获取 99%的用户权限数据，数据收集的不平衡现象远甚于社会财富分配中的二八定律！

10.2.2 总体状况

总体数据垄断现状基于 2018—2020 年度的数据收集现状得出。为详细阐明该数据收集现状，本节根据获取权限数据的数量级对数据收集者进行划分，将获取 1 亿份及以上权限数据的收集者定义为"亿级权限数据收集者"，获取 1 亿份以下、1 千万份以上权限数据的数据收集者定义为"千万级权限数据收集者"，并以此类推。

通过数据分析，我们获得如下主要结论：

- 根据 2020 年总体数据收集状况，当前数据垄断形势严峻，10%的数据收集者即可获取 99%的权限数据。
- 2020 年度数据垄断的"主力军"是占据所有数据收集者数量 1.2%的"百万级、千万级、亿级的权限数据收集者"，它们可获取约 93.4%的权限数据。
- 将 2019 年度与 2020 年度数据收集状况对比可发现，虽前 10%的权限数据收集者获取的权限数据量占比略有减少，但总体上，极少量的数据收集者收集了比以往更多的数据，数据垄断态势更加严峻。

具体地，2020 年各权限数据收集者的数量与获取数据量的对比分布如图 10.1 所示，百万级、千万级、亿级的权限数据收集者本身的数量极少，但权限数据获取量均在 10%以上。表 10.1 给出了 2018 年度至 2020 年度的权限数据收集情况，并列出了 2020 年度相比于 2019 年度的变化量。对前 10%的数据收集者而言，该变化量为负值，说明这些权限数据收集者获取数据量占比有所减

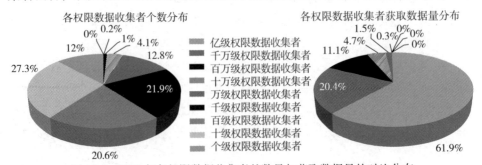

图 10.1 2020 年各权限数据收集者的数量与获取数据量的对比分布

少。但对于前 1% 的权限数据收集者而言，该变化量为较大的正值，说明对少量数据寡头而言，其获取数据量不降反升，总体垄断形势愈加严峻！

表 10.1　不同比例权限数据收集者的数据收集量占比

项目	权限数据收集者占比				
	0.01%	0.1%	1%	5%	10%
2018 年度	38.44%	75.48%	93.81%	98.57%	99.42%
2019 年度	27.01%	69.93%	92.15%	98.08%	99.19%
2020 年度	46.27%	73.78%	92.37%	97.99%	99.11%
变化量	20.86%	3.85%	0.002%	−0.0009%	−0.0008%

10.2.3　详情分析

基于总体的数据收集情况，本节对不同分类 App 下的数据收集现状进行了分析。在该分析中，孟小峰教授团队对 Google Play 及国内第三方应用网站中的 App 分类进行调研，将当前市场上的 App 划分为 20 类，分别是安全类、生活类、社交类、办公类、理财类、购物类、教育类、儿童类、旅游出行类、摄影图片类、视频类、工具类、通信类、新闻类、医疗类、音乐类、游戏类、娱乐类、阅读类和运动类。基于该分类，进一步分析不同 App 类别下权限数据获取数量排名前 0.01%、0.1%、1%、5%、10% 数据收集者的数据收集状况，得出如下结论：

- 每类 App 的数量垄断形势都十分严峻，前 10% 的数据收集者均收集了不少于 91% 的权限数据；
- 各类 App 中，工具类、社交类及游戏类为数据垄断的重灾区，教育类、阅读类的数据垄断状况较总体相对轻缓。

具体情况如图 10.2 所示，工具类、社交类及游戏类 App，其前 0.1% 数据收集者收集了约 80% 的权限数据，前 1% 的数据收集者收集了约 95% 的权限数据，而前 5% 的数据收集者就收集了约 99% 的权限数据（总体情况下 10% 的数据收集者才可收集 99% 的权限数据）。对于形势较为缓和的教育类和阅读类，前 1% 的数据收集者收集了约 75% 的权限数据，低于该比例数据收集者对应的总体占比，但形势依旧严峻。

同时，本节对数据获取量排名前五的数据收集者进行对比分析，以展示当前主要数据收集者的垄断现状。为保护数据收集者的个体隐私，该分析隐藏这五名数据收集者的名称，仅提供统计性结果。这五名数据收集者中，最多者可获取 13.19% 的权限数据，最少者可获取 2.11% 的权限数据，累计可获取近 32% 的数据。也就是说，仅这 5 名数据收集者，就可获取约 1/3 的用户数据。而其中 3 名所开发 App 涉及 18 个以上的 App 类别，其余 2 名开发 App 涉及约 12 个

类别，说明这些数据寡头大多具有跨领域的商业模式。值得注意的是，这 5 名
数据收集者所开发 App 对应的用户量群体均十分庞大。

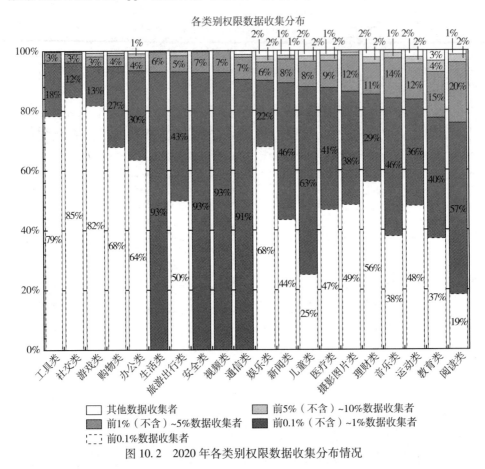

图 10.2　2020 年各类别权限数据收集分布情况

10.3　数据垄断的成因与危害

在严峻的数据垄断形势下，探究数据垄断的成因十分关键。基于上述现状，
本节对数据垄断的成因与危害进行分析。

10.3.1　垄断成因

通过分析，本节提出当前数据垄断的形成与数据自身的特点、数据收集者
们的商业运营模式，以及人工智能时代的网络效应密切相关。同时，孟小峰教
授所带领的团队在当前数据垄断现状的分析基础上，进一步分析了当前数据收

集者们的数据获取量与其开发 App 的数量、使用量、请求的权限数量、涉足领域数量这四个因素之间的关联，支持了该猜想。具体地，这里认为数据垄断的成因主要包括以下几个方面。

第一，数据易聚集、难确权的特性，使数据垄断易形成。大数据时代，海量数据通过移动设备、传感器网络等源源不断地自动产生，数据的生产成本较低，同时其本身的价值密度也较低，海量数据的价值需通过数据挖掘、机器学习等技术提取。而这些技术本质上是数据驱动型技术，需基于大量数据的输入方能获取高准确性、高可用性的输出结果，造成数据本身易聚集的特点。同时，数据本身的特殊性使其既不同于石油、矿藏类的自然产物，也不同于专利、作品等精神产物，难以确定其所有权。在当前数据不能依据法律法规确权的现状下，不能有效保证数据收集的合理合规性，数据垄断易形成。

第二，数据寡头多产品、跨领域、高用户量的商业运营特点，是数据垄断形成的重要因素。数据寡头在这里的分析中可与排名前 0.1% 的数据收集者做对应。当前的数据寡头们通过业务扩张、资本运作、并购等方式完成企业扩张，导致其具有多产品、跨领域的商业特点，并据此吸引或维系海量用户，从而具有海量数据收集的能力，形成数据垄断。经孟小峰教授团队分析，在移动应用市场下，数据收集者们开发 App 的数量越多、使用量越高、涉足的领域越多，其获取的权限数据量越大，越有可能成为数据寡头，形成数据垄断。较为明显的是，前 0.1% 的权限数据收集者的这三个因素比其他权限数据收集者明显偏高出数倍。

第三，人工智能时代的网络效应促进数据垄断形成。人工智能技术数据驱动的特点使其本身即具有网络效应。随着人工智能技术产品使用的用户增加，该技术可获取更多用户的数据输入，从而可训练出可用性更高的数据模型，增加其自身价值的同时吸引并服务于更多用户。当前移动应用市场上的数据寡头均为大型科技公司，它们均受益于人工智能等技术的支持。相应地，基于其海量的用户数据，它们可持续发展优化其产品与服务，进一步维持并吸引新用户。而本身弱势的数据收集者们则限于其产品或服务的提升能力，在数据寡头发展的压力下逐渐流失用户，滚雪球效应产生，数据垄断现象加剧。

10.3.2　垄断危害

数据垄断形势严峻，数据寡头享受着数据垄断带来的高额收益，且存在破坏市场自由竞争环境的可能性。对于数据收集者而言，合理收集并拥有海量数据并不是非法行为，但是利用自身数据垄断优势滥用市场支配地位、限制竞争并损害消费者权益则违法违规。总结可得，数据垄断现象主要有以下四类潜在问题。

第一，自由市场竞争产生壁垒[3]。排除、阻碍横向竞争，同领域内数据存量较小的小型公司或初创公司无法与数据寡头进行有利抗争。主导纵向竞争，在上下游市场具有话语权，尤其在提供商品及制定价格上。

第二，消费者福利受损[4]。自由竞争失效使消费者可选择的替代性服务减少，议价能力降低。企业提供服务质量下降，甚至存在价格歧视和误导消费者的现象。

第三，信息安全和个人隐私风险。隐私保护作为一项非价格竞争因素，在竞争失效的市场里被重视程度降低。此外，海量数据的收集、处理和存储环节存在信息安全漏洞的可能性。

第四，行业技术创新受阻。数据聚集带来了一定程度上的数据资源浪费，数据量丰富的寡头公司技术创新动力不足，数据不足的公司无法支撑其技术研发，导致行业整体创新能力下降。

10.4　数据垄断治理模式

面对数据垄断的严峻形势，缓解数据垄断形势、促进数据安全与公平的共享流通、对数据进行治理刻不容缓。基于上面分析的数据垄断的成因与危害，数据治理的重点在对数据收集的源头、数据流通的过程进行局部和全局监管。同时，我们要秉持"开源节流"的思想对数据进行治理，一方面要规范数据的收集、流通和使用，促进数据资源的合理配置；另一方面，积极探索用户隐私保护的数据共享方式，促进数据共享流通。经总结，现有的数据治理模式包含局部模式、中介模式和全局模式三种。本节分别对这三种模式进行分析，并提出未来的治理途径应是数据透明。

10.4.1　局部模式

局部模式是指数据流通前在数据源头对数据基于隐私保护技术进行处理，在一定程度上限制企业收集大规模数据的价值，如图 10.3 所示。当前应用的隐

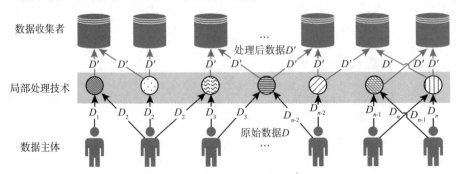

图 10.3　数据垄断治理的局部模式

私保护技术主要包括基于扰动的匿名化、差分隐私技术和基于密码学的安全多方计算等，这些技术提供的隐私保护程度越高，收集数据的准确性越差，计算成本越高。数据收集者必须平衡隐私保护与数据有效价值之间的关系，从而缓解当前低成本的数据收集垄断局势。在该治理模式下，数据寡头仍持有大部分数据的控制权，数据垄断有所缓解但并未根除，并且需着重考虑数据治理与产业输出之间的关系。

10.4.2　中介模式

中介模式是指在数据流通过程中增加第三方中介平台，参与数据流通，促进数据共享，如图 10.4 所示。当前的中介平台主要包括数据交易平台、数据众包平台和数据共享平台三种模型，分别适用于不同情景。自 2015 年国家发布《促进大数据发展行动纲要》以来，全国多所数据交易平台涌现，包括以数据包交易为主的政府类数据交易所，如贵阳大数据交易所、上海数据交易中心、长江大数据交易中心等，以及以 API 接口模式为主的民营平台，如聚合数据、京东万象、数据堂等。数据众包平台为企业或个人提供有偿的数据提供及下载途径，目前有百度数据众包、有道众包、蚂蚁众包等平台。数据共享平台包括数据直接共享和数据间接共享两种方式。直接数据共享平台依据必要的设施规则，推动公共部门之间不对称信息的流通和企业之间数据的合理共享，较为典型的是英国人工智能实验室与开放数据研究所合作建立的"数据信托"实验点，其目的是促进多个集团之间的数据共享。间接数据共享平台拒绝对源数据的直接共享，支持对本地数据训练得到的模型参数进行共享，而后由多方参与者共同训练效果较强的机器学习模型。该方法符合当前数据驱动的技术发展情景与用户隐私保护的需求，具代表性的是微众联邦学习项目与华为网络智能体（Network AI Engine，NAIE）联邦学习平台。从

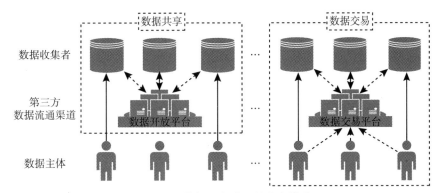

图 10.4　数据垄断治理的中介模式

总体发展现状上看，第三方中介的项目众多，但目前数据交易、共享的规模并不大，尚待发展。

10.4.3 全局模式

全局模式是指对数据产生、流通和使用的整个生命周期进行监管，弱化数据寡头对数据的掌握权，增强数据生成者（即用户）和数据监管者对数据的控制权，如图 10.5 所示。该模式主要分为中心化和去中心化两种形式。中心化全局模式是指建立统一的数据监管平台，对数据进行统一管理，如库克提议美国联邦贸易委员会组建的"数据清算所"，通过监管数据流通状况来确保用户对数据的控制权。去中心化全局模式是指借助区块链、智能合约等去中心化技术与平台，对数据收集、流通、共享、使用、结算等过程进行存证，构建可验证、可追踪、可溯源的数据共享与监管机制，目前已有众多政府机构与学术机构在这方面展开研究。全局模式的成本相较其他两种治理模型成本高，目前该数据治理体系正在构建中，还未出现成熟应用。

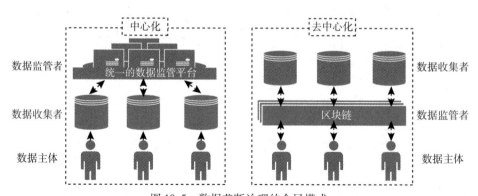

图 10.5　数据垄断治理的全局模式

上述数据治理模式以政府和 IT 企业为主要参与者，针对数据垄断、阻塞、不互通的问题提出局部或全局的治理方案，重点在于可监控的数据资产平衡分配。然而，当下的数据垄断问题不仅仅是数据资产的分配失衡问题，也是人工智能时代数据伦理中的主要问题，数据垄断的严峻形势会加剧数据隐私、数据歧视等其他伦理问题的发生[5]。当下大数据的"堰塞湖"已然形成，数据垄断越发严重，数据隐私等问题层出不穷[6]，归根结底是数据收集、流通、共享、使用和决策过程中的不透明性所致。因此，数据透明是解决上述问题的根本途径，是未来数据治理的必经之路。一旦数据在其全生命周期中对数据使用者或监管者透明，我们就可清晰、明确地掌握总体数据的流向，从而进行更好的数据共享，检测并限制数据垄断。我们将在第 12 章对数据透明的概念与实现进行详细的阐述。

10.5　小结

数据垄断的严峻形势为科技企业的发展、数字化社会的建设造成了阻力。没有足够大数据的支持，没有企业间安全与公平的数据共享，就难以充分发挥大数据的价值。2020 年 4 月 6 日，中共中央、国务院发布《中共中央　国务院关于构建更加完善的要素市场化配置体制机制的意见》，提出加快培育数据要素市场，推进政府数据开放共享，提升社会数据资源价值，加强数据资源整合和安全保护。这使解决数据垄断问题、评估和监管数据的合理分配与使用，变得更加紧迫和必要。同时，它也对数据共享流通方式和数据质量等提出了高更的要求。将数据作为要素放在数据治理的框架下加以考量，需要综合考虑数据生命周期内涉及的多方参与主体的权利、责任和利益。在未来数据治理的过程中，我们一方面要完善当前的数据治理模式，发挥现有治理手段的作用，另一方面要积极开拓透明化的数据治理框架，解决以数据垄断为主的数据伦理问题，构建健康有序的中国大数据生态，促进大数据产业合理规范发展。

参考文献

［1］孟小峰，朱敏杰，刘俊旭，等. 数据垄断与其治理模式研究［J］. 信息安全研究，2019，5（48）：31-39.

［2］MAYER-SCHÖNBERGER V，CUKIER K．Big data：a revolution that will transform how we live，work，and think［M］．New York：Houghton Mifflin Harcourt，2013.

［3］曾雄. 数据垄断的竞争分析路径［C］//李爱君. 金融创新法律评论（2018 年第 1 辑·总第 4 辑）. 北京：法律出版社，2018：118-131.

［4］牛喜堃. 数据垄断的反垄断法规制［J］. 经济法论丛，2018（2）：370-394.

［5］孟小峰，王雷霞，刘俊旭. 人工智能时代的数据隐私、垄断与公平［J］. 大数据，2020，6（1）：35-46.

［6］孟小峰，朱敏杰，刘俊旭. 大规模用户隐私风险量化研究［J］. 信息安全研究，2019，5（9）：778-788.

第 11 章

数据公平

11.1 引言

大数据时代，数据驱动的算法渗透于人们生活的方方面面。想象一下我们的生活：早上醒来，我们通过手机查看新闻，这背后有着新闻推荐算法对我们偏好的精准掌握；中午吃饭，我们借助于算法的推荐寻找餐馆；出门旅行，我们依赖算法规划路线。甚至，员工招聘、法院量刑等诸多权益攸关的决策也受到算法影响。

在此背景下，公平问题逐渐浮现。例如，韩国 AI 聊天机器人"李 LUDA"对女性、性少数群体、残疾人士等发表歧视性言论，正式面世不到二十天就被迫下线。谷歌新闻文本训练的词向量[1] 显示，男性与女性的关系同医生与护士的关系类似。更为严重的是，在司法量刑领域的公平问题极有可能妨害人们的人身权利；在医疗保健领域的公平问题极有可能威胁人们的生命安全。例如，美国法院采用的量刑系统 COMPAS 被发现歧视黑人，预测黑人的犯罪风险远高于白人。英国一款名为 Babylon 的医疗诊断 App 被质疑置女性患者于危险之中，对于一名突然出现胸痛和恶心症状的 60 岁女性吸烟者，该 App 的诊断是惊恐发作或炎症；而对于一名出现同样症状的 60 岁男性吸烟者，该 App 的诊断是心脏病发作，并建议立即去急诊。人们的初衷是希望人工智能造福人类，然而现实给了我们沉重一击：如何解决人工智能中的数据公平问题依然是一项艰巨的挑战。

本章将从对公平的理解出发，探讨四种应用场景下的公平计算方法，希望给读者带来思考与启发。

11.2　对公平的理解

在探讨公平问题的解决办法之前，我们有必要了解什么是公平。学术界对公平的探讨由来已久。本节将举例介绍心理学领域、哲学领域和计算机领域的学者对公平的理解。

- **心理学领域：** 心理学家亚当斯在 1965 年提出公平理论[2]，该理论聚焦于薪酬分配公平，认为公平是员工进行社会比较与历史比较而产生的主观感受。社会比较是指员工将自己的报酬与自己的投入之比同他人的报酬与他人的投入之比进行比较；历史比较是指员工将此时的报酬与此时的投入之比同历史的报酬与历史的投入之比进行比较。当员工发现比值相等时，才会感到公平。公平理论存在的明显问题是"投入"难以衡量，在实际生产生活中，人们通常采用绩效评估的方式评定员工的投入，而不同的评估方式均兼具合理性与不合理性。

- **哲学领域：** 罗尔斯在《正义论》[3] 中提出"无知之幕"的思想实验。他将人们从当下的社会角色和身份地位中剥离出来，使人们回归到最原始的平等状态：每个人都不知道自己将在社会上扮演什么角色。罗尔斯认为在这种境况下，人们会共同制定出公平的社会规则以保护社会中的弱势群体。"无知之幕"引人深思，但也存在缺陷：它假设所有人都属于风险厌恶型，每个人都会考虑自己可能处于最差境遇，而事实并非如此；对"弱势群体"的定义不明确，无法区分处于最差境遇中的人是由于先天不足导致的还是后天不努力导致的；平均主义会挫伤人们的生产积极性。

- **计算机领域：** 学者 Pitoura[4] 指出公平与平等之间存在本质区别，平等对待并不意味着公平。以美国格里格斯诉杜克电力公司的案件为例，20 世纪 50 年代，杜克电力公司的高薪部门要求雇员有高中毕业证书。虽然该就业要求在形式上对所有员工是平等的，但在当时的社会环境下，34% 的白人高中毕业，仅有 18% 的黑人高中毕业，因此该就业要求实际暗含了对黑人的歧视。法院判决认为，该就业要求无异于《伊索寓言》中"向狐狸和鹳提供盛装在同种容器中的牛奶"。

综上所述，人们对公平的理解不尽相同，这些理解角度为我们提供了朦胧的指导方向，但没有指明解决公平问题的途径。因此，技术领域的学者试图将公平这种主观概念建模为客观上可计算的问题。

11.3 公平计算方法

以具体应用场景为例，本节将介绍蛋糕分割、价格歧视、算法偏见以及数据偏见四种场景下的公平计算方法。

11.3.1 蛋糕分割问题

蛋糕分割（cake cutting）问题[5-6]是公平分配的经典问题。用$[0,1]$表示一个蛋糕，参与者集合为$N=\{1,\cdots,n\}$，每个参与者p对蛋糕有一个未知的估值函数V_p，分割程序分给每个参与者p的蛋糕为C_p，怎么才算蛋糕分得"公平"？数学家提出了两种定义。

定义 11.1 均衡（proportionality）. $\forall p \in N, V_p(C_p) \geq \dfrac{1}{n}$，即每个参与者都认为自己得到的蛋糕不小于蛋糕整体的$\dfrac{1}{n}$。

定义 11.2 无怨（envy-freeness）. $\forall p, k \in N, V_p(C_p) \geq V_p(C_k)$，即每个参与者都认为自己得到的蛋糕比别人的大。

当$n=2$时，"一人切，一人选"是很自然的均衡分割方法，同时可以证明这种方法也是满足无怨的。假设A和B两个人分蛋糕，"一人切，一人选"的流程为：

1）A将蛋糕切分成两块；

2）B选择其中的一块；

3）A最终分得剩下的一块。

如果A切分的两块蛋糕一大一小，那么B会选择更大的那块，因此为了避免自己吃亏，A就会将蛋糕分成自己认为价值相等的两块。最终结果为$V_A(C_A)=V_A(C_B), V_B(C_B) \geq V_B(C_A)$，即满足无怨。

当$n>2$时，可以基于"一人切，一人选"的方法递归地实现均衡分割。前$n-1$个人递归调用分割程序；然后，第n个人让前$n-1$个人都把自己手里的蛋糕分成n份，并从每个人手中选出n份中的一份。同理可证明这种方法是均衡的，但不满足无怨，以$n=3$为例，A和B先采用"一人切，一人选"的方式将蛋糕分成2块，然后将各自的蛋糕都分成3份，C从A的手中选出1份，从B的手中选出一份。如果A和B合谋将整个蛋糕分给了A，那么C会得到蛋糕的$\dfrac{1}{3}$，A得到蛋糕的$\dfrac{2}{3}$，不满足无怨。

尽管蛋糕分割问题历史悠久，如何实现均衡分割与无怨分割依然吸引着众多研究者。尤其构造多人的无怨分割比较困难，目前只有三人的无怨分割有相对完美的解法。Selfridge 和 Conway[5] 相互独立地提出了三人无怨分割算法，假设 A、B 和 C 三个人分蛋糕，算法流程如下：

1）A 将蛋糕切分为认为相等的 3 份 X_1、X_2、X_3，即 $V_A(X_1) = V_A(X_2) = V_A(X_3) = \dfrac{1}{3}$。

2）B 从 3 份中选出自己认为最大的那块进行修剪。例如，当 $V_B(X_1) > V_B(X_2) \geqslant V_B(X_3)$ 时，B 从 X_1 中剪去 X'，使 $V_B(X_1 \backslash X') = V_B(X_2)$。

3）按照 C、B、A 的顺序依次从修剪剩下的 3 块中选择一块。上述例子中，即从 $X_1 \backslash X'$、X_2 和 X_3 中进行选择。对于被修剪过的那块，即上述例子中的 $X_1 \backslash X'$，如果 C 没有选择该块，B 就得选择该块。在 B 和 C 中，设最终选择被修剪过的那块蛋糕的人为 T，没选择该块的人为 $\bar{T}$。

4）$\bar{T}$ 将剪掉的那块（即上述例子中的 X'）分成认为相等的 3 份。

5）按照 T、A、$\bar{T}$ 的顺序依次选择一份。

11.3.2　价格歧视问题

价格歧视问题是指商家对同一商品为不同消费者提供差异化定价。在大数据时代，一些电商平台或服务网站通过对用户大数据的分析处理，以隐蔽的方式在同一交易场景下为部分老用户设置较高的预定或购买价格，即"大数据杀熟"。此类问题愈发受到社会各界的关注，监管部门已开展多项立法：2020 年 8 月，文化和旅游部印发《在线旅游经营服务管理暂行规定》，明确规定在线旅游经营者不得滥用大数据分析等技术手段，基于旅游者消费记录、旅游偏好等设置不公平的交易条件，侵犯旅游者合法权益。2021 年 8 月，《中华人民共和国个人信息保护法》公布，其中第二十四条对"大数据杀熟"予以针对性规制，要求个人信息处理者利用个人信息进行自动化决策，应当保证决策的透明度和结果公平、公正，不得对个人在交易价格等交易条件上实行不合理的差别待遇。

针对价格歧视问题，Cohen 等人[7] 研究了施加公平约束对社会总福利的影响。他们认为商家的目标是为每个消费者群体分别定价以最大化利润，在此基础上提出了四种公平约束定义：价格公平、需求公平、消费者剩余公平和未购买估值公平。

假设商家将一种商品卖给两个消费者群体，记为群体 0 和群体 1。商品的单位成本是 c。对于 $i = 0, 1$，群体 i 的人数是 d_i，商家的定价是 p_i。群体 i 中的消费者对商品的估值为 $V_i \sim F_i(\cdot)$，则群体 i 购买商品的比例为 $\bar{F}_i(p_i)$。消费者剩余定义为消费者对产品的估值与实际购买价格的差值，群体 i 的消费者剩余为 $S_i(p_i) = E[(V_i - p_i)^+]$。商家从群体 i 中获利为 $R_i(p_i) = d_i(p_i - c)\bar{F}_i(p_i)$，在没有公平约束的情况下，商家的目标是获利最大，即目标函数为 $p_i^* = \mathrm{argmax}\, R_i(p_i)$。

价格公平是指商家给每个消费者群体的定价相似，即 p_i 相似；需求公平是指每个消费者群体的购买比例相似，即 $\bar{F}_i(p_i)$ 相似；消费者剩余公平是指每个消费者群体的平均剩余相似，即 $S_i(p_i)$ 相似；未购买估值公平是指每个消费者群体中未购买的消费者对该产品的平均估值相似，即 $N_i(p_i) = E[V_i | V_i < p_i]$ 相似。Cohen 等人[7] 使用参数 α 调节公平约束的严格程度，实验发现，一定程度的价格公平下，社会总福利随着约束程度的增强而提高；当价格公平约束过于严格时，社会总福利反而会降低。在未购买估值公平下，社会总福利随着约束程度的增强而提高，但其中某组消费者的需求可能会消失。

11.3.3　算法偏见问题

算法偏见问题是指机器学习模型在训练过程中产生偏见，此类问题主要通过在模型训练的目标函数中引入公平约束、对抗性训练等方式进行缓解。如 Li 等人[8] 在联邦学习场景下将公平定义为不同设备间模型精度分布的方差，在模型训练过程中优化施加了公平约束的目标函数。

常用的公平约束主要分为个体公平（individual fairness）与群体公平（group fairness）两类。个体公平是指任何两个相似的个体都应该受到算法相似的对待，通常需要一个与任务相关的距离度量来刻画每对个体间的相似度。群体公平的基本理念是：算法的输出不应该受与任务无关的属性影响，如性别、宗教、种族等属性不应该影响算法的输出，这些属性又被称作受保护属性（protected attributes）。在群体公平下，按照受保护属性进行分组，不同的分组应受到算法相似的对待。

以分类任务为例，常见的群体公平定义大致可分为：基准率公平、准确率公平和校准公平三种。

定义 11.3　基准率公平（base rate fairness）.

$$P[\hat{Y} | A=0] = P[\hat{Y} | A=1]$$

其中，$\hat{Y}$ 为二值分类器，A 为受保护属性。这意味着不同分组被预测为正例的概率相同。基准率公平又被称为统计平等（demographic parity）。

定义 11.4　准确率公平（accuracy-based fairness）.

$$P[\hat{Y} | Y=1, A=0] = P[\hat{Y} | Y=1, A=1]$$

其中，$\hat{Y}$ 为二值分类器，A 为受保护属性，Y 为真实值。准确率公平又被称为机会平等（equal opportunity），在此定义下，受保护的群体与未受保护的群体具有相等的真正率。

定义 11.5　校准公平（calibration-based fairness）.

$$P[Y=1\,|\,S=p,A=0]=P[Y=1\,|\,S=p,A=1]$$

其中，S 为某种分类的预测概率，A 为受保护属性，Y 为真实值。在此定义下，对于任何预测概率 P，受保护的群体与未受保护的群体实际属于正例的概率是相等的。

此外，Kusner 等人[9] 基于因果推断技术提出反事实公平（counterfactual fairness）的定义，认为在改变受保护属性并保持其他非因果依赖于受保护属性的因素不变的情况下，若算法的预测结果分布不发生变化，则该算法是公平的。

定义 11.6　反事实公平（counterfactual fairness）.

$$P[\hat{Y}_{A\leftarrow a}(U)=y\,|\,X=x,A=a]=P[\hat{Y}_{A\leftarrow a'}(U)=y\,|\,X=x,A=a]$$

其中，$\hat{Y}$ 为分类器，A 为受保护属性，X 为其余的属性。(U,V,F) 构成因果模型，其中 U 为外生变量，不由可观测变量集合 V 中的任何变量决定；V 为内生变量，$V\equiv A\cup X$；F 为结构方程，将每个内生变量的值表示为 U 和 V 中其他变量值的函数。

上述公平定义均针对单一受保护属性提出，如判断算法是否对女性有歧视。针对交叉受保护属性，如判断算法是否对黑人女性有歧视，Foulds 等人[10] 借鉴差分隐私的定义提出了差分公平（differential fairness），用公平代价 ε 限制算法在不同群体间输出概率的差异。

定义 11.7　ε-差分公平（ε-differential fairness）.

$$e^{-\varepsilon}\leqslant\frac{P_{M,\theta}[M(x)=y\,|\,s_i,\theta]}{P_{M,\theta}[M(x)=y\,|\,s_j,\theta]}\leqslant e^{\varepsilon}$$

其中，M 为分类算法，x、θ 为用户数据，s_i、s_j 为不同的受保护属性。在此定义下，无论受保护属性的组合如何，算法输出概率都是相似的。

在推荐系统、自然语言处理等任务中，公平的定义不一而足。目前，机器学习算法公平尚无统一的定义，各定义间常存在矛盾，无法同时成立。

11.3.4　数据偏见问题

由于机器学习算法极其依赖于训练数据，训练数据中存在的偏差极有可能使下游任务产生偏见，即出现数据偏见问题。因此，部分学者致力于消除训练数据中的偏差。比如国际商业机器公司（International Business Machines

Corporation）于 2019 年发布人脸多样性（Diversity in Faces，DiF）人脸识别数据集[11]，提供分布均衡多样的人脸图像，以期减少人脸识别系统的偏见问题。Amini 等人[12] 利用变分自编码器学习数据集的潜在结构，根据学习到的潜在分布调整训练过程中数据点的权重。

目前解决数据偏见问题的方法主要集中于平衡数据集的类别，常用方法有数据重采样、数据增强等。

数据重采样可分为欠采样和过采样两类。欠采样旨在减少多数类的样本量，如随机欠采样对多数类的样本进行随机删除。过采样旨在增加少数类的样本量，如随机过采样对少数类的样本进行随机复制。随机欠采样与随机过采样方法均存在缺陷：前者会丢失某些重要样本的隐含信息；后者容易使模型产生过拟合。基于随机过采样，Chawla[13] 提出了改进方案——合成少数类过采样算法（Synthetic Minority Over-sampling Technique，SMOTE），SMOTE 的基本思想是合成与少数类样本相似的新样本：首先采用 k 近邻算法计算出每个少数类样本的 k 个近邻，然后从 k 个近邻中随机选择 N 个样本进行随机线性插值构造出新样本。

数据增强是计算机视觉领域的常用数据预处理方法，通过对图像进行几何变换（如翻转、旋转、裁剪、缩放等）、颜色变换（如噪声、模糊、擦除、填充等）等操作，可以有效提高图像数据的样本量和多样性。类似地，自然语言处理领域也发展出文本增强技术，通过回译、随机词与非核心词替换等方式扩增文本。

此外，基于数据偏差的来源，Mehrabi 等人[14] 在用户交互、数据和算法的闭环上对数据偏差进行了详尽的分类，期望后续学者关注数据偏差之间的相互作用，并针对不同类型的数据偏差提出相应的解决方案。

11.4　小结

正如《哈佛商业评论》前执行主编尼古拉斯·卡尔指出的，当我们完全依赖计算机去理解世界时，其实是我们自己的智能退化为了人工智能。人工智能时代的数据公平问题再次给我们敲响了警钟：人工智能算法不一定是客观公正的，它也有可能存在人类社会中的偏见。这既是技术问题，也是社会问题，希望在社会各界的广泛关注下，技术领域和社会领域的学者携手共进，找到该问题的破解之道。

参考文献

[1] BOLUKBASI T, CHANG K W, ZOU J Y, et al. Man is to computer programmer as woman

is to homemaker? debiasing word embeddings [J]. Advances in Neural Information Processing Systems, 2016, 29: 4349-4357.

[2] ADAMS J S. Inequity in social exchange [J]. Advances in Experimental Social Psychology, 1965, 2: 267-299.

[3] RAWLS J. A theory of justice: revised edition [M]. Cambridge: Harvard University Press, 1999.

[4] PITOURA E. Social-minded measures of data quality: fairness, diversity, and lack of bias [J]. Journal of Data and Information Quality, 2020, 12 (3): 1-8.

[5] BRAMS S J, BRAMS S J, TAYLOR A D. Fair division: from cake-cutting to dispute resolution [M]. Cambridge: Cambridge University Press, 1996.

[6] ROBERTSON J, WEBB W. Cake-cutting algorithms: be fair if you can [M]. Boca Raton: CRC Press, 1998.

[7] COHEN M C, ELMACHTOUB A N, LEI X. Price discrimination with fairness constraints [C] //Proceedings of the 2021 ACM Conference on Fairness, Accountability, and Transparency. New York: ACM, 2021: 2-2.

[8] LI T, SANJABI M, BEIRAMI A, et al. Fair resource allocation in federated learning [EB/OL]. (2019-05-25) [2022-08-01]. https: //arxiv. org/pdf/1905. 10497. pdf.

[9] KUSNER M, LOFTUS J, RUSSELL C, et al. Counterfactual fairness [C] //Proceedings of the 31st International Conference on Neural Information Processing Systems. [S. l.]: Neural Information Processing Systems Foundation, Inc. , 2017: 4069-4079.

[10] FOULDS J R, ISLAM R, KEYA K N, et al. An intersectional definition of fairness [C] //Proceedings of IEEE 36th International Conference on Data Engineering. Piscataway, NJ: IEEE, 2020: 1918-1921.

[11] MERLER M, RATHA N, FERIS R S, et al. Diversity in faces [EB/OL]. (2019-01-29) [2022-08-01]. https: //arxiv. org/pdf/1901. 10436. pdf.

[12] AMINI A, SOLEIMANY A P, SCHWARTING W, et al. Uncovering and mitigating algorithmic bias through learned latent structure [C] //Proceedings of the 2019 AAAI/ACM Conference on AI, Ethics, and Society. New York: ACM, 2019: 289-295.

[13] CHAWLA N V, BOWYER K W, HALL L O, et al. SMOTE: synthetic minority over-sampling technique [J]. Journal of Artificial Intelligence Research, 2002, 16: 321-357.

[14] MEHRABI N, MORSTATTER F, SAXENA N, et al. A survey on bias and fairness in machine learning [J]. ACM Computing Surveys, 2021, 54 (6): 1-35.

第 12 章

数据透明

前面的章节重点介绍了当前隐私保护的主要技术路线，并探讨了数据生态中的数据流通、数据垄断和数据公平等问题。这些问题出现的本质原因是数据的不透明性。因此，对数据获取、共享和使用等信息进行合理、适度的透明化，不仅有助于上述问题的解决，也是这些问题发生时的最后一道防火墙。以隐私泄露和数据滥用为例，依据数据透明，数据监管者可以对数据收集现状进行量化分析，为数据隐私、数据垄断等问题的治理提供技术支持。而当这些问题真正发生时，数据监管者能够依据数据获取和共享等信息，检测出何人在何处出现误用行为，进行溯源问责。

本章首先介绍数据透明的概念，并剖析数据透明与隐私保护、数据垄断和决策可解释之间的内在关系，接着介绍数据透明框架，并详细介绍如何从技术上实现数据透明框架中的几个重要阶段，包括数据获取透明、数据共享透明、数据云存储服务透明、数据决策透明和法律法规透明。其中，本章重点介绍了如何依据区块链技术实现数据获取和共享透明，从而为数据隐私溯源问责和数据垄断等问题提供依据。

12.1　引言

目前，大规模数据被各方数据收集者大量收集，数据的获取和共享仅仅依靠第三方的信用背书。然而，第三方信用背书从形式上告知用户数据获取内容、数据共享情况和如何使用用户数据等。由于数据获取、数据共享和数据使用等过程对外不可见，其契约履行情况也无从考证、缺乏透明性，因此各企业泄露用户隐私数据的案例层出不穷。差分隐私等现有隐私保护技术虽然对数据隐私具有一定的保护作用，但是目前还不足以应对大规模数据收集带来的隐私泄露风险。面对变化万千和错综复杂的各类数据问题，现有的隐私保护技术不可能做到面面俱到。

数据透明旨在记录数据获取、共享和使用等过程中的相关数据信息，以此来增加现大数据价值实现过程中的透明性。进一步，结合策略承诺（policy compliance）、违反检测（violation detection）和隐私审计（privacy audit），可以在隐私保护技术无效的情况下以溯源问责的方式保护隐私，也可以为评估监管数据和解决数据垄断提供技术支持[1]，从而有助于我们构建健康有序的数据生态[2]。具体而言，增加数据获取和数据共享流通过程的透明性对隐私泄露、数据滥用和数据误用、数据垄断等问题提供依据。增加数据决策的透明性有助于实现数据决策的准确性和公平性。

目前，数据透明的实现主要有法律法规和技术两种途径。法律法规确定对数据整个数据生命周期的透明性要求，这具有威慑和事后惩罚的作用；技术上的数据透明能够实现事先预防和为事后提供依据，可以借鉴传统的溯源问责技术，同时也需要区块链等技术的支持。

12.2　数据透明的概念

数据透明最早由美国普渡大学 Elisa 教授在 2017 年提出，是指数据主体具有获取与其相关的数据信息的能力。同时，建议从数据透明策略、日志系统和算法透明几个方面进行实现。本章提出的数据透明化与其一脉相承，都是保证大数据在其生命周期内各个阶段的透明性。本章进一步将数据透明化研究放在大数据生态范围进行考虑，对其进行更清晰的划分和挖掘，并阐述数据透明与数据隐私保护、数据决策和数据垄断的内在关系。

事实上，工业界对大数据价值实现过程的透明性也提出了迫切需求。2019年，苹果 CEO 库克在《时代》周刊上发表评论建议设立新框架增强企业处理用户数据的透明性，并建议建立数据清算和要求所有数据中介在清算所注册，从而使用户能够跟踪被捆绑和被销售的数据。Gartner 发布的 2020 年战略性技术研究趋势报告中也将"透明性与可追溯性"作为十大战略性技术趋势之一。数据透明已经成为大数据价值实现的必要保障，为数据隐私保护和数据治理提供了一种全新的思路。

数据透明需要兼顾大数据生命周期内的各方参与主体，各方参与主体有不同的数据透明需求。

定义 12.1　数据透明（data transparency）. 数据透明是指在大数据价值实现过程中，使所有参与主体均能有效获取与自身相关的全部数据信息。

其中，数据信息包括原始数据、间接数据和决策数据。参与主体主要包括数据生产者（data contributor）、数据收集者（data collector）、数据使用者（data consumer）、数据处理者（data processor）和数据监管者（data supervisor）5 个角色。具体而言，数据生产者是指产生数据的个人或机构；数据收集者是指收集数据的个人或机构，如服务提供者和科研工作者；数据使用者是指以任何形式使用数据的个人或机构；数据处理者是指在授权的情况下代替数据使用者处理数据的个人或机构；数据监管者是指对数据生命周期各阶段的数据共享流通等情况进行监管的机构，主要包括政府部门、可信第三方组织等。各参与主体之间可能存在重合，例如当数据收集者自己使用数据并且具有处理能力时，数据收集者也充当数据处理者和数据使用者。

12.3　数据透明框架

数据透明研究应该围绕各方参与主体的数据透明需求展开。根据大数据生命周期和各方参与主体的透明需求，我们将数据透明分为数据获取透明、数据共享透明、数据云存储服务透明、数据决策透明和法律法规透明 5 个部分。数据透明框架和各部分信息如图 12.1 所示。

1. 数据获取透明

数据获取透明指对数据收集内容、形式和使用目的等信息进行记录。由此，数据生产者、数据收集者和数据监管者等能获知相关信息。目前，通过透明增强工具、数据使用协议和可审计的访问控制等方式实现数据获取透明。

2. 数据共享透明

依据数据共享方式，数据共享透明可以分为支持溯源问责的数据共享、可验证的统计分析和机器学习。当发生数据访问和数据流通时，需要实现支持溯源问责的数据共享，对数据流向进行记录，数据生产者和数据监管者能够据此对数据共享情况和隐私泄露进行追踪问责，数据处理者和数据使用者能据此说明是合法使用数据。由于传输代价和法律法规等因素限制，需要在不泄露原始数据的情况下通过分布式数据集共享技术和分布式机器学习等方式进行数据共

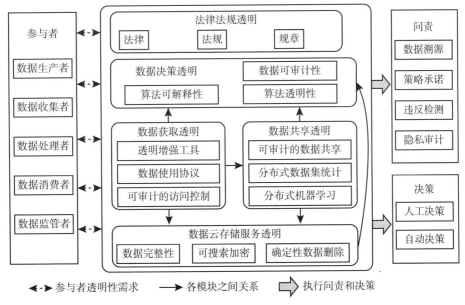

图 12.1　数据透明框架

享，这时需要对数据提供者（包括数据生产者和数据收集者）提供的加密数据和参数等进行记录，数据使用者可对共享过程进行验证。

3. 数据云存储服务透明

越来越多的企业和个人将数据存储到云服务器，享受云存储服务带来的便利。然而传统的数据完整验证、可搜索加密、确定性数据删除等云数据安全和隐私保护技术通常依赖于可信的第三方且实现过程存在不透明，实现数据云存储服务透明旨在增加其透明性。

4. 数据决策透明

数据是决策的基础，所以数据使用者需要对决策数据进行审计和追踪溯源。除此之外，数据决策透明的实现还需要算法可解释性和算法透明性的支持。算法可解释性主要是指机器学习算法的可解释性，即合理解释特定机器学习算法做决策原理以及判断算法是否存在不公平现象。算法透明性是指选择合适的方式公开决策算法。

5. 法律法规透明

法律法规是技术之外重要的数据透明实现手段。世界各个国家和组织出台法律法规将知情同意作为个人隐私数据获取、共享、使用和存储等过程的基本要求。知情同意是指数据收集者在收集个人数据之时，应当充分告知有关个人数据被收集、处理和利用的情况，并征得主体明确的同意。例如，欧盟实施的《通用数据保护条例》将透明性作为数据主体的基本权利。

通过上述 5 个部分的数据透明实现可以将各方参与主体所需的数据信息作为溯源数据记录下来。具体而言，通过实现数据获取透明和数据共享透明，数据获取和共享流通等信息被记录。由此，在隐私泄露和数据滥用等事件发生后，数据监管者可以据此记录进行追踪溯源，并对违反规范的参与方进行问责；通过实现云存储服务透明，云存储服务变得更可信；通过实现数据决策透明，数据使用者可以对决策数据进行审计，这样可以促进大数据驱动的决策的可信性。通过法律法规中各项数据的透明要求，数据透明的实施可以得到法律保障。

数据透明的实现，一方面需要依据完善的、严谨的法律法规支持。法律法规具有威慑和事后惩罚的作用。法律法规中数据透明要求的实现建立在法律法规约束、第三方信用背书和道德自律的基础上。另一方面，技术上实现数据透明为各个参与主体获取与自身相关的数据信息提供技术支持。技术上实现数据透明能够事先预防和为事后提供依据。总体而言，法律法规和技术实现两种途径之间既存在互相支持的关系又存在互补关系。

本节重点关注如何在技术上实现数据透明和溯源问责。传统问责系统通常记录用户的数据是如何管理的、哪些人访问过他们的数据、数据什么时候被修改和误用过。由于工作流经过的途径都有可能要被问责，传统技术方法通常关注对工作流中的各个途径实施问责，例如，非授权进入安全系统、非授权检索安全数据等。大数据获取形式多样且共享流通错综复杂，然而传统问责系统大多数基于小规模数据集，难以应对大数据的多变性、复杂性以及质量不高等问题。此外，传统的溯源问责技术方法大多数属于中心化方式、缺少透明性。由此导致问责的实施严重依赖于可信的第三方。综上所述，在技术上实现数据透明和溯源问责已经成为亟待解决的问题。

12.4　基于区块链的数据透明方案

区块链技术具有公开透明、不可篡改和去中心的特性，这使其天然适用于实现溯源问责。所以，区块链成为实现数据透明的一种重要途径。数据获取透明和数据共享透明的实现需要区块链作为可信的"账本"记录数据获取和共享流通等信息。数据云存储服务透明和数据决策透明需要区块链的去中心方式执行验证、管理数据和执行质量管理等。数据透明化的这些需求与区块链的特性相契合。

目前，区块链在数据获取、共享、存储和决策等过程中增加透明性发挥着重要作用，为溯源问责提供了有力支持。本节介绍区块链在数据获取与共享透明、数据云存储服务透明和数据决策透明中的应用。

12.4.1 数据获取与共享透明

数据获取与共享透明包括支持溯源问责的数据获取和共享、可验证的分布式数据集共享和可验证的分布式机器学习，具体内容见 12.3 节。本节详细介绍基于区块链实现支持溯源问责的数据获取和数据共享，通过记录数据在获取和共享过程中的流转信息，进而为隐私保护溯源问责、数据垄断等提供技术支持。

在传统的数据获取和数据共享过程中，由数据收集者制定数据使用协议并据此告知用户数据收集、共享和使用等信息。用户作为数据生产者，对数据的知情权和可控权仍然限于法律约束和第三方信用背书。然而，由于数据获取和共享等过程对外不可见，其契约履行情况也无从考证。2014 年，皮尤研究中心关于美国隐私状况的报告指出，91%的受访者认为他们已经失去对数据收集者收集和使用个人数据的控制，61%的受访者对不了解数据收集者如何使用个人数据感到沮丧；2016 年《中国网民权益保护调查报告2016》显示84%的网民对个人隐私泄露带来的不良影响有深切的感受。数据获取和数据共享不透明导致隐私泄露问题更为严重。

基于区块链实现数据获取与共享透明是将数据获取和共享等信息记录在不可篡改的区块链之上，依据区块链的去中心、公开透明和不可篡改特性来保证记录信息具有更强的问责能力。目前已有研究尝试应用区块链增加移动应用、医疗和物联网等领域的隐私数据获取和共享流通的透明[3]。具体而言，基于区块链实现数据获取权限管理和数据访问控制，数据获取和共享的相关信息被透明地记录在区块链上，以此增加数据获取和共享过程中的透明性和用户可控性。

当服务提供者（service provider）向用户（user）申请获取数据时，基于区块链实现数据获取和共享的框架可以分为四层，即数据获取层、数据存储层、数据共享层和区块链层，如图 12.2 所示。

在数据获取层，数据生产者对数据收集内容、形式和目的等具有知情权。目前，相关研究结合访问控制等技术实现数据收集权限的透明性（图 12.2 中的步骤①~步骤③）。同时，用户自己执行权限管理。由此，数据收集的内容和形式是透明的、用户是可控的[3]。

在数据存储层，数据获取后由服务提供者或者第三方存储机构存储。由于区块链的存储限制，目前一般采取链上存储元数据和链下存储数据的策略来存储数据。链下存储可以采用传统数据库管理系统、云存储和分布式存储系统等方式。同时，考虑到数据的机密性，一般采用加密技术对数据进行加密。

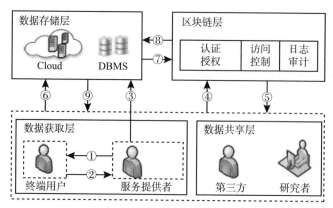

图 12.2　数据透明研究框架

　　在数据共享层，当需要请求共享数据时，请求者需要提出访问请求（图 12.2 中的步骤④~步骤⑤），用户根据自己的意愿将数据共享策略通过智能合约的形式部署录在区块链。此外，考虑到区块链的透明性，在数据共享层还需要考虑共享关系的隐私保护等问题。数据共享双方的身份信息记录在区块链，这些共享信息也可能会被攻击者获取。进一步，攻击者依据这些共享信息执行链接攻击（linkage attack）。例如，在医疗场景中，患者授权医生访问自己的医疗数据。由于医生身份信息被记录在区块链，医生和患者之间的关系也同时被泄露。攻击者可以依据医生身份与其他数据相关联，进一步推断出患者的隐私信息。

　　在区块链层，区块链执行去中心化的访问控制（图 12.2 中的步骤⑥~步骤⑨），使任何数据访问信息都通过区块链的交易被记录在区块链。目前，基于区块链实现访问控制方法可分为基于交易和基于智能合约两种。

　　基于区块链交易的方式是使用区块链的交易对访问控制的策略/权限进行管理。大多方法基于比特币的安全性，应用 OP_RETURN 指令在比特币上存储策略/权限。由于比特币脚本不适合实现复杂的业务逻辑，因此常结合 DAC 模型实现访问控制。此外，具体应用时还应该考虑到一些特殊场景对可扩展性、设备的计算和存储能力的要求较高。例如在物联网数据共享场景，针对可扩展性需求，可以在区块链层之上增加虚链层来提高系统可扩展性[4]；针对设备计算和存储能力受限的问题，可以在区块链之下添加边缘设备层，由边缘设备管理设备的身份验证、创建交易、收集和发送数据至存储层[5]。

　　基于智能合约的方式是将访问控制策略编写为智能合约，由智能合约自动执行，当前研究尝试与自主访问控制（Discretionary Access Control，DAC）或基于属性的访问控制（Attribute-Based Access Control，ABAC）等传统的访问控制模型相结合。

- DAC 模型基于身份进行授权，与智能合约结合实现不同身份的用户权限判断透明。一些研究结合以太坊智能合约实现，但是随着策略规模的增加，以太坊智能合约运行成本会增大，且其权限管理不够灵活[6]。此外还需要注意以太坊的可扩展性是否满足实际应用需求。考虑到智能合约运行成本和可扩展性要求，一些研究采用联盟链和云存储实现数据共享，实现医疗、社交网络等隐私性要求较高的数据共享[7]。此外，针对一些场景，也可以设计符合应用需求的共识协议去提高可扩展性。例如，在物联网应用领域，为实现不同利益相关者边缘设备上的数据共享透明，可以提出符合边缘设备应用的共识机制、交易类型和区块来适应边缘设备计算和存储能力。
- ABAC 模型是通过属性对实体及约束进行描述，按照访问者权限条件设置属性和权限的关系。将区块链与 ABAC 模型相结合能实现细粒度的、支持身份隐私保护和透明的共享。目前，相关研究多采用联盟链与 ABAC 模型相结合。采用 ABAC 模型，策略不会随用户数量成指数级增长，但需权衡问责粒度与隐私保护需求之间的关系。

通过上述四层框架，数据获取信息和数据共享双方的身份信息被记录在区块链。由于区块链的公开透明、不可篡改和去中心特性，数据获取和共享流通透明性得以实现。数据获取与共享信息被记录之后，数据监管者和数据拥有者可以结合策略承诺和违反检测等信息执行溯源问责。

目前，数据透明和溯源问责的相关研究还处于起步阶段，存在大量问题有待解决。首先，用户在数据获取过程中缺少控制权，用户或者同意数据收集者制定的数据协议而付出所有数据收集者要求的数据，或者不同意但会导致不能享受服务。在数据获取透明实现过程中，如何将控制权还给用户，由用户决定数据内容、目的和形式，并根据用户同意的数据提供服务是具有挑战性的问题。其次，服务提供者作为数据收集者收集用户数据并为用户提供服务，但服务提供者是否依据数据使用协议执行数据共享是不透明的。溯源问责的前提是溯源数据的完备性，然而如何使所有的数据获取和共享事件都被记录也是一项挑战。除技术手段之外，还需要政策、法律法规等多方面的支持。此外，当应用区块链实现数据透明时，区块链的可扩展性、多区块链间的互操作性和区块链的隐私保护等问题都会影响数据透明的实现。

12.4.2　数据云存储服务透明

越来越多的数据拥有者（Data Owner，DO）将数据存储至云端，享受云服务提供商（Cloud Service Provider，CSP）提供的云存储服务。由于 DO 和 CSP 之间不存在完全信任，因此数据完整性验证、可搜索加密和确定性数据删除等是保障云存储数据安全和隐私的重要技术。现有方法大多基于 CSP 是不完全可信、DO 是诚实可信的假设条件，进而引入可信的第三方审计（Third Party Audit，TPA）并支持 DO 实施验证。然而，这些假设条件在实际部署和实施过程中是有限制的，而且大多方法实现仍然缺乏透明性。事实上，TPA 也可能会发生错误或合谋、DO 也可能进行欺诈。所以需要增加 CSP、TPA、DO 之间交互的透明性和可信性。

应用区块链可以在不依赖可信第三方的情况下实现数据云存储服务透明。此外，依据区块链还可以实现不依赖可信第三方的数据云存储服务公平。

1. 数据完整性验证

数据完整性验证方法有数据持有证明（Provable Data Possession，PDP）和数据可恢复证明（Proof Of Retrievability，POR）。PDP 可以快速验证数据是否被云端正确地持有。POR 不仅能够识别数据是否已丢失或损坏，还能对丢失或损坏的数据进行修复。传统的数据完整性验证方案通常依赖 TPA 执行验证，DO 相信 TPA 返回的验证结果，但验证过程缺乏透明性。虽然已有研究通过支持 DO 复审、多 TPA 验证、可信硬件解决验证过中 TPA 的不可信和验证过程不透明问题，但是这些方法需要引入其他可信方。

区块链与传统完整性验证方法相结合能够增加透明性和可信性，有去中心化和中心化两种验证方式。去中心化验证是指区块链网络代替 TPA 执行验证。本章参考文献[8]结合 PDP 和以太坊实现数据完整性验证，但并没有考虑如何减少 GAS 开销。本章参考文献[9]也采用 PDP 和以太坊实现完整性验证，并实现不依赖第三方的服务公平。中心化验证指仍由 TPA 执行数据完整性验证，但将完整性验证挑战信息存入区块链，用于日后复审。本章参考文献[10]利用区块中的 nonce 字段构建完整性验证的挑战信息，由 DO 对 TPA 验证结果进行复审。这种方式能支持批量处理，提高验证效率，但要求 DO 具有一定的计算能力执行复审。

2. 可搜索加密

根据实现功能的不同，可搜索加密技术可以分为单关键词搜索、连接关键词搜索和复杂逻辑结构搜索；根据构造算法的不同，可搜索加密技术可以分为对称可搜索加密（Symmetric Searchable Encryption，SSE）和非对称可搜索加密（Asymmetric Searchable Encryption，ASE）。可搜索加密结果完整性验证方法大多都假设可信的 TPA 执行公共验证，缺乏透明性。

区块链与传统可搜索加密方法相结合能够增加透明性和可信性，可分为去中心化搜索和中心化搜索两种方式。进行去中心化搜索时，由区块链网络中各个节点通过执行智能合约代替 CSP 执行搜索，共识过程保证搜索结果是正确的，不需要数据拥有者对搜索结果进行验证[11]。中心化搜索指仍然由 CSP 执行搜索，在给 DO 返回搜索结果的同时将验证信息存入区块链。此外，除了传统中心云存储之外，结合区块链还可以实现 Storj 和 Filecoin 等去中心云存储关键字搜索结果完整性验证[12]。

3. 确定性数据删除

确定性数据删除方法有覆盖写删除（deletion by overwriting）和密码学删除（deletion by cryptography）。当进行确定性数据删除时，DO 发出删除请求之后，CSP 执行删除操作并返回 1 位的"成功"或"失败"作为响应。DO 无法根据此响应来确定云端数据是否已经被删除，删除过程亦缺乏透明性。已有研究依赖于用户能访问存储介质、沙漏模型等假设条件，或者基于可信硬件和可信第三方实现可验证确定性数据删除，但仍缺乏透明性[13]。

由区块链记录删除证明可以增加数据确定性删除的透明性。在执行数据删除时仍由 CSP 执行删除，基于信任但可验证原则（trust-but-verify），将 DO 的删除请求和 CSP 的删除证明存入区块链。任何人都可以依据区块链执行验证操作，增加删除透明性，防止 DO 和 CSP 双方都可能存在的恶意行为。本章参考文献［14］采用覆盖写方法，假设 DO 和 CSP 之间已通过身份验证实现问责，并引入时间服务器为删除证明提供时间戳服务。

12.4.3　数据决策透明

在基于"数据—信息—知识—智慧"模型的数据决策过程中，首先需要收集数据，并对其进行加工处理之后形成对决策有价值的信息，进一步对信息使用归纳、演绎方法得到知识，最后利用这些知识并通过探讨得出最终决策。然而，在大数据环境下，此模型的有效性受到冲击。数据被篡改、数据质量管理过程中的单点失败等问题会导致决策数据不可靠；训练数据偏见、算法设计偏见和算法错误都可能导致决策算法不可靠。为此，数据决策透明性需要实现决策数据可审计、算法可解释和算法透明。

区块链作为去中心化的分布式数据库，为决策数据可审计提供支持。通过获取透明、共享透明和云存储服务透明，在对数据进行追踪溯源的同时也为数据使用者对决策数据进行审计有促进作用。此外，基于区块链的去中心化存储模式，数据使用者可以验证数据是否被篡改和对数据进行追踪，在金融保险[15]、医疗[16]和供应链[17]等数据完整性要求较高的领域有重要意义。区块链作为分布式数据库，区块链的可扩展性、安全和隐私等问题是影响其应用的重要因素。此外，考虑到区块链存储限制，通常采用"链上"存储元数据与"链下"存储数据相结合的方式，并进一步在这些可信数据上执行查询分析。

大部分区块链查询系统仅提供区块、交易和账户等信息的简单查询，并未提供复杂查询功能。实际应用中还需要实现范围查询和 Top-K 查询等复杂查询、数据查询完整性验证、密文查询和细粒度在线查询溯源等[18]。

多源数据的格式、标准不统一等问题也会影响数据质量，进而影响数据决策。然而传统数据质量管理和质量控制方法通常依赖可信第三方执行，存在缺乏透明性、单点失败和时间资源消耗较大的问题。依靠智能合约自动执行可以制定统一数据格式、规则来提高数据质量管控的透明度[19]。

12.5　小结

如何保证数据得到正确、合理和规范的使用已经成为大数据生态中亟待解决的根本问题，建立数据透明化的治理体系是解决这一问题的有效途径和重要举措。数据透明旨在增加大数据价值实现过程中的透明性，从而为溯源问责的实施实现技术支持。然而，大数据的高速性和多样性等特点，使溯源问责技术变得更为复杂和困难。如何跨平台和跨领域地追踪那些明显发生改变的数据非常困难。虽然数据透明可以促进数据溯源问责，然而数据透明本身也可能蕴含敏感的元数据、在问责过程中可能会泄露其他的信息。此外，作为一个跨学科问题，数据透明化将数据获取和共享流通置于新的范式之下，如何确保用户具备足够的法律法规素养来理解和应对这种变化，也是需要学界和全社会共同去探索的课题。

参考文献

［1］孟小峰，刘立新. 区块链与数据治理［J］. 中国科学基金，2020，34（1）：12-17.

［2］孟小峰，刘立新. 基于区块链的数据透明化：问题与挑战［J］. 计算机研究与发展，2021，58（2）：237-252.

［3］ZYSKIND G, NATHAN O, PENTLAND A. Decentralizing privacy：using blockchain to protect personal data［C］//Proceedings of the IEEE Security and Privacy Workshops. San Jose：IEEE Computer Society, 2015：180-184.

［4］ALI M, NELSON J, SHEA R, et al. Blockstack：a global naming and storage system secured by blockchains［C］// Proceedings of the USENIX Annual Technical Conference. Denver：USENIX, 2016：181-94.

［5］OUADDAH A, ELKALAM A A, OUAHMAN A A. Fairaccess：a new blockchain-based access control framework for the Internet of Things［J］. Security and Communication Networks, 2016, 9（18）：5943-5964.

［6］AZARIA A, EKBLAW A, VIEIRA T, et al. MedRec：using blockchain for medical data access and permission management ［C］//Proceedings of 2nd International Conference on Open and Big Data. Vienna：IEEE Computer Society，2016：25-30.

［7］ TRUONG NB，SUN K，LEE GM，et al. GDPR-compliant personal data management：a blockchain-based solution ［J］. IEEE Transactions on Information Forensics and Security，2020，15：1746-1761.

［8］ HAO K，XIN J，WANG Z，et al. Decentralized data integrity verification model in untrusted environment ［C］//Proceedings of the Second International Joint Conference APWeb-WAIM. Macau：Springer，2018：410-424.

［9］ ZHANG Y，DENG R H，LIU X，et al. Blockchain based efficient and robust fair payment for outsourcing services in cloud computing ［J］. Information Sciences，2018，462：262-277.

［10］ XUE J，CHUNXIANG X U，ZHAO J，et al. Identity-based public auditing for cloud storage systems against malicious auditors via blockchain ［J］. Science China（Information Sciences），2019，62（3）：32101-32104.

［11］ HU S，CAI C，QIAN W，et al. Searching an encrypted cloud meets blockchain：a decentralized，reliable and fair realization ［C］//Proceedings of International Conference on Computer Communications. Honolulu：IEEE Computer Society，2018：792-800.

［12］ CAI C，YUAN X，CONG W. Towards trustworthy and private keyword search in encrypted decentralized storage ［C］//Proceedings of IEEE International Conference on Communications. France：IEEE Computer Society，2017：1-7.

［13］ HAO F，CLARKE D，ZORZO A F. Deleting secret data with public verifiability ［J］. IEEE Transactions on Dependable & Secure Computing，2016，13（6）：617-629.

［14］ XUE L，YU Y，LI Y，et al. Efficient attribute-based encryption with attribute revocation for assured data deletion ［J］. Information Sciences，2018，640-650.

［15］ HOANG T V，LENIN M，MUKESH K M，et al. Blockchain-based data management and analytics for micro-insurance applications ［C］//Proceedings of the 2017 ACM on Conference on Information and Knowledge Management，Singapore：ACM，2017：2539-2542.

［16］ TSAI J. Transform blockchain into distributed parallel computing architecture for precision medicine ［C］//Proceedings of IEEE International Conference on Distributed Computing Systems. Vienna：IEEE Computer Society，2018：1290-1299.

［17］ XU X，LU Q，LIU Y，et al. Designing blockchain-based applications a case study for imported product traceability ［J］. Future Generation Computer Systems，2019，92（3）：399-406.

［18］ XU C，ZHANG C，XU J. vChain：enabling verifiable boolean range queries over blockchain databases ［C］//Proceedings of the 2019 International Conference on Management of Data. The Netherlands：ACM，2018：141-158.

［19］ WU C，ZHOU L，XIE C，et al. Data quality transaction on different distributed ledger technologies ［C］//Proceedings of the International Conference on Big Scientific Data Management. Beijing：Springer，2018：301-318.

推荐阅读

数据安全与流通：技术、架构与实践

作者: 刘汪根 杨一帆 杨蔚 彭雷 编著 ISBN:978-7-111-72632-6 定价:69.00元

本书由星环科技数据安全专家编写，是面向数据要素市场从业者的实用指南。全书从数据权属、数据价值、数据安全和数据流通等方面，对国内外关于数据有序流动和利用过程中的理论、模式、技术、法规等进行了全面梳理和解读，可以为数据要素市场建设的各方参与者提供重要并且完成的知识体系参考。

专家推荐

数据从人类文明之初就开始扮演着一个重要角色。互联网、人工智能技术的出现，终于将数据推到了作为人类生产要素的新高度，数据流通的安全合规性就变成了社会各个层面的一个重要课题。本书作者就是从这样一个高度来审视数据安全与流通的，将数据安全流通技术、架构与实践做了很好的概述，但又不乏一些深入的细节，能帮助读者对这些话题从理论到实践都有一个全面的了解。有些话题的描述可以直接在实战中使用，有些话题则是对未来发展的畅想。作者有着丰富的经验，也是用了心的，值得推荐给大家。

——王晓阳 复旦大学教授、中国计算机学会会士、中国人工智能学会会士

数据安全体系建设不仅需要理解法律法规本身，还需要结合技术与系统架构、组织与制度、业务场景与模式，使技术支持下的业务场景、业务模式与法律规则相匹配，最大限度地支持企业数据安全合规。本书立足数据安全立法视角，通过合规体系建设、数据交易与流通以及实践，多角度为读者提供了非常好的参考。

——戴昌久 北京市昌久律师事务所创始人

2020年国家文件将数据作为一种新型生产要素以来，数据要素的战略性地位和重要性不断提升，但整体来看数据要素流通还处于较为传统和起步阶段，数据交易流通还没有一套成熟的方案和规则。这本书从新的数据时代、数据安全、数据流通、实践与展望多个层面为数据要素流通厘清了思路，为数据交易场所发展探索了一条可落地的实践之路。

——周海扬 北部湾大数据交易中心副总经理

我国数据要素市场正在迅猛发展，数据安全风险也日益突出，解决数据安全问题对企业而言已经迫在眉睫。本书着眼数据安全与合规流通，兼顾政策、法规、技术和实操多个层面，是一本不可多得的为数据要素市场建设的各方参与者提供知识体系参考的书籍。

——孙元浩 星环科技创始人兼CEO